图解
家装电工技能
完全掌握

蔡杏山　主编

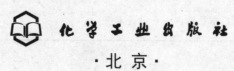

化学工业出版社

·北京·

本书全面介绍了家装电工需要掌握的知识与操作技能，以图解的形式介绍了家装电工的电气基础、常用工具及使用、常用测量仪表及使用、配电电器与电能表、家装配电线路的规划、暗装布线、明装布线、开关和插座的接线与安装、灯具和浴霸的接线与安装、弱电线路的接线与安装等内容。本书基础起点低、内容由浅入深、语言通俗易懂，读者只需要具有初中文化程度，就能通过阅读本书而轻松掌握家装电工技术，快速迈入家装电工大门并提高至中高级水平。

本书供家装电工技术人员学习使用，也适合作职业院校或社会培训机构的培训教材。

图书在版编目（CIP）数据

图解家装电工技能完全掌握/蔡杏山主编. —北京：化学工业出版社，2013.3（2019.9重印）

ISBN 978-7-122-16432-2

Ⅰ.①图… Ⅱ.①蔡… Ⅲ.①住宅-室内装修-电工-图解 Ⅳ.①TU85-64

中国版本图书馆 CIP 数据核字（2013）第 018347 号

责任编辑：李军亮　耍利娜　　　　　　　　装帧设计：尹琳琳
责任校对：陈　静

出版发行：化学工业出版社（北京市东城区青年湖南街 13 号　邮政编码 100011）
印　　装：大厂聚鑫印刷有限责任公司
787mm×1092mm　1/16　印张 12½　字数 299 千字　2019 年 9 月北京第 1 版第 11 次印刷

购书咨询：010-64518888　　　　　　　售后服务：010-64518899
网　　址：http：//www.cip.com.cn
凡购买本书，如有缺损质量问题，本社销售中心负责调换。

定　　价：38.00 元　　　　　　　　　　　　　　版权所有　违者必究

　　"居者有其屋"是无数人的追求，正因为有这样的需求推动，不管是城镇还是农村，存在着大量已建成或正在建的房屋，这些房子的装修是一个庞大的市场。电气装修是家庭房屋装修的重要组成部分，以前的电气装修通常由普通电工来完成，随着人们生活水平的提高，对家庭房屋装修要求也越米越高，因此出现了专门从事家庭房屋电气装修的电工——家装电工。社会上存在着大量已建成的、正在建的和即将建的房屋，还有不少需要电气改造的旧房屋，这为家装电工提供了广阔的就业前景。另外，有很多房屋的主人对房屋电气装修一无所知，或知之甚少，这样在房屋电气装修时很难做出好的规划，在选购材料时易做出不合理的选择，对装修质量也无法判断好坏。

　　本书除了适合作职业学校或社会培训机构的家装电工技能教材外，还适合三类社会读者：第一类是希望掌握家装电工技术、迈入家装行业的读者；第二类是希望了解家庭电气装修知识，以便在家庭电气装修时能合理规划线路、正确选材和与装修工人良好沟道的读者；第三类是动手能力强、希望对自己房屋自己动手做的读者。

　　本书共分 10 章，各章内容简介如下。

　　第 1 章　家装电工的电气基础　对于一些无电气基础的人，在学习家装电工技术前必须掌握一些电气方面的基础知识。本章主要介绍电工基本常识、直流电、单相交流电和三相交流电，另外还介绍一些安全用电方面的知识。

　　第 2 章　家装电工常用工具及使用　本章介绍一些家装电气线路时经常要用到的工具，具体包括常用电工工具及使用、常用电动工具及使用和常用测试工具及使用。

　　第 3 章　家装电工常用测量仪表及使用　本章介绍指针万用表、数字万用表、钳形表和兆欧表，指针万用表和数字万用表能测量电压、电流及电阻，钳形表可以在不断线的情况下测量线路的电流，兆欧表用于测量导线或电气设备的绝缘电阻。

　　第 4 章　配电电器与电能表　本章介绍闸刀开关、熔断器、断路器、漏电保护器和电能表，配电电器的功能主要有接通和切断电气线路，当电气线路出现过流时能自动切断电源，漏电保护器还具有在线路出现漏电时能自动切断电源的功能，电能表的功能是对用电量进行计量。

　　第 5 章　家装配电线路的规划　本章主要介绍住宅供配电系统、家庭常用配电方式及配电原则，电能表和配电开关容量的选择、导线截面积的选择、配电箱的安装和支路走线规划。

　　第 6 章　暗装布线　暗装布线是目前比较流行的一种家庭布线方式，本章主要介绍布线选材、布线定位、开槽、线管的加工、线管的敷设、导线穿管和导线测试。

　　第 7 章　明装布线　明装布线是一种简单快捷的布线方式，虽然该布线方式会对室内美观有一定影响，但由于其布线成本低，故有不少家庭采用这种布线方式。明装布线具体方式很多，本章介绍较常用的线槽布线、瓷夹板布线和护套线布线。

　　第 8 章　开关和插座的接线与安装　在安装开关和插座时，接线好坏非常关键，本章先介绍导线的剥削、连接和绝缘恢复，然后介绍开关的安装与接线和插座的安装与接线。

第9章 灯具和浴霸的接线与安装 灯具的种类很多，安装方法也不尽相同，本章介绍白炽灯的接线与安装、荧光灯的安装与接线、吊灯的安装、筒灯的安装、LED 灯带的安装和浴霸的安装。

第10章 弱电线路的接线与安装 本章介绍弱电线路的三种接入方式、有线电视线路的安装、电话线路的安装、电脑网络线路的安装和弱电模块与弱电箱的安装。

如果读者希望轻松快速掌握更多的技术，可以关注我们以前和后续推出的图书，有关图书信息可登录我们的学习辅导网站 www.eTV100.com 了解，读者在学习过程中遇到问题也可在该网站向我们提问。

本书由蔡杏山主编，蔡玉山、詹春华、何慧、黄晓玲、蔡春霞、邓艳姣、黄勇、刘凌云、邵永亮、刘元能、何彬、刘海峰、李清荣、万四香、蔡任英和邵永明等参与了部分章节的编写工作。

由于我们水平有限，书中不妥之处在所难免，望广大读者和同仁予以批评指正。

编者

目录

第 **3** 章　家装电工常用测量仪表及使用 ▶▶▶ ③⑥

第 **4** 章　配电电器与电能表 ▶▶▶ ⑤⑦

第5章 家装配电线路的规划   70

第6章 暗装布线   86

第 **7** 章　　明装布线　　▶▶▶ 106

第 **8** 章　　开关和插座的接线与安装　　▶▶▶ 117

第 9 章　灯具和浴霸的接线与安装　▶▶▶ 137

第 10 章　弱电线路的接线与安装　▶▶▶ 161

第**1**章

家装电工的电气基础

1.1 基本常识

1.1.1 电路与电路图

如图 1-1(a) 所示是一个简单的实物电路，该电路由电源（电池）、开关、导线和灯泡组成。电源的作用是提供电能；开关、导线的作用是控制和传递电能，称为中间环节；灯泡是消耗电能的用电器，它能将电能转变为光能，称为负载。因此，**电路是由电源、中间环节和负载组成的**。

如图 1-1(a) 所示为实物电路图，使用实物图来绘制电路很不方便，为此人们就采用一些简单的图形符号代替实物的方法来画电路，**这样画出的图形就称为电路图**。如图 1-1(b) 所示的图形就是如图 1-1(a) 所示实物电路的电路图，不难看出用电路图来表示实际的电路非常方便。

1.1.2 电流与电阻

（1）电流

在如图 1-2 所示电路中，将开关闭合，灯泡会发光，为什么会这样呢？原来当开关闭合时，带负电荷的电子源源不断地从电源负极经导线、灯泡、开关流向电源正极。这些电子在流经灯泡内的钨丝时，钨丝会发热，温度急剧上升而发光。

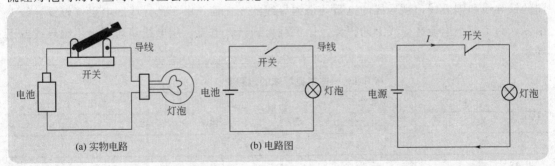

图 1-1　一个简单的电路　　　　　　　　　图 1-2　电流说明图

大量的电荷朝一个方向移动（也称定向移动）就形成了电流，这就像公路上有大量的汽车朝一个方向移动就形成"车流"一样。实际上，我们把电子运动的反方向作为电流方向，**即把正电荷在电路中的移动方向规定为电流的方向**。如图 1-2 所示电路的电流方向是：电源正极→开关→灯泡→电源的负极。

电流用字母"*I*"表示，单位为安培（简称安），用"A"表示，比安培小的单位有毫安（mA）、微安（μA），它们之间的关系为

$$1A = 10^3 mA = 10^6 \mu A$$

（2）电阻

在如图 1-3（a）所示电路中，给电路增加一个元器件——电阻器，发现灯光会变暗，该电路的电路图如图 1-3（b）所示。为什么在电路中增加了电阻器后灯泡会变暗呢？原来电阻器对电流有一定的阻碍作用，从而使流过灯泡的电流减小，灯泡变暗。

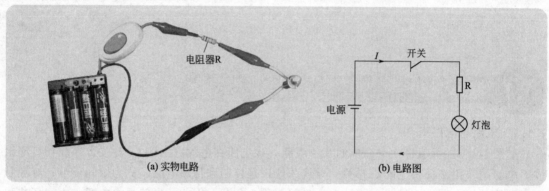

图 1-3　电阻说明图

导体对电流的阻碍称为该导体的电阻，电阻用字母"*R*"表示，电阻的单位为欧姆（简称欧），用"Ω"表示，比欧姆大的单位有千欧（kΩ）、兆欧（MΩ），它们之间关系为

$$1M\Omega = 10^3 k\Omega = 10^6 \Omega$$

导体的电阻计算公式为

$$R = \rho \frac{L}{S}$$

式中，*L* 为导体的长度，m；*S* 为导体的横截面积，m²；*ρ* 为导体的电阻率，Ω·m。不同的导体，*ρ* 值一般不同。表 1-1 列出了一些常见导体的电阻率（20℃时）。

在长度 *L* 和横截面积 *S* 相同的情况下，电阻率越大的导体其电阻越大，例如，*L*、*S* 相同的铁导线和铜导线，铁导线的电阻约是铜导线的 5.9 倍，由于铁导线的电阻率较铜导线大很多，为了减小电能在导线上的损耗，让负载得到较大电流，供电线路通常采用铜导线或铝导线。

表 1-1　一些常见导体的电阻率（20℃时）

导　　体	电阻率/Ω·m	导　　体	电阻率/Ω·m
银	1.62×10^{-8}	锡	11.4×10^{-8}
铜	1.69×10^{-8}	铁	10.0×10^{-8}
铝	2.83×10^{-8}	铅	21.9×10^{-8}
金	2.4×10^{-8}	汞	95.8×10^{-8}
钨	5.51×10^{-8}	碳	3500×10^{-8}

导体的电阻除了与材料有关外，还受温度影响。一般情况下，导体温度越高电阻越大，例如常温下灯泡（白炽灯）内部钨丝的电阻很小，通电后钨丝的温度上升到千度以上，其电

阻急剧增大；导体温度下降电阻减小，某些导电材料在温度下降到某一值时（如−109℃），电阻会突然变为零，这种现象称为超导现象，具有这种性质的材料称为超导材料。

1.1.3 接地与屏蔽

（1）接地

在强电系统中，为了防止电气设备漏电而使外壳带电，常常将电气设备的外壳与大地连接，当设备绝缘性能变差而使外壳带电时，可迅速通过接地线泄放到大地，从而避免人体触电，如图1-4所示。

（2）屏蔽

在弱电系统中，由于线路中的电信号比较微弱，容易被外界电磁干扰，为此常常对弱电系统的线路采取防干扰措施，这种防干扰措施称为屏蔽。屏蔽常用的符号如图1-5所示。

屏蔽的具体做法是用金属材料（称为屏蔽罩）将线路或设备封闭起来，再将屏蔽罩接地。图1-6列出了两种带屏蔽层的导线，外界电磁干扰信号很难穿过金属屏蔽层干扰内部芯线传输的信号。

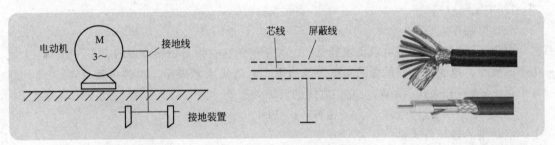

图1-4 电气设备的接地　　　　图1-5 屏蔽符号　　　　图1-6 带屏蔽层的导线

1.1.4 电路的三种状态

电路有三种状态：通路、开路和短路，这三种状态的电路如图1-7所示。

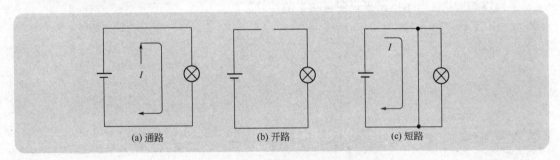

(a) 通路　　　　(b) 开路　　　　(c) 短路

图1-7 电路的三种状态

（1）通路

如图1-7(a)所示电路处于通路状态。**电路处于通路状态的特点：电路畅通，有正常的电流流过负载，负载正常工作。**

（2）开路

如图1-7(b)所示电路处于开路状态。**电路处于开路状态的特点：电路断开，无电流流过负载，负载不工作。**

（3）短路

如图1-7(c)中的电路处于短路状态。**电路处于短路状态的特点：电路中有很大电流流**

过，但电流不流过负载，负载不工作，由于电流很大，很容易烧坏电源和导线。

1.1.5 电功、电功率和焦耳定律

（1）电功

电流流过灯泡，灯泡会发光；电流流过电炉丝，电炉丝会发热；电流流过电动机，电动机会运转。由此可以看出，**电流流过一些用电设备时是会做功的，电流做的功称为电功。用电设备做功的大小不但与加到用电设备两端的电压及流过的电流有关，还与通电时间长短有关。**电功可用下面的公式计算

$$W = UIt$$

式中，W 表示电功，J；U 表示电压，V；I 表示电流，A；t 表示时间，s。

电功的单位是焦耳（J），在电学中还常用到另一个单位：千瓦时（kW·h），也称度。$1kW·h=1$ 度。千瓦时与焦耳的换算关系是：

$$1kW·h = 1 \times 10^3 W \times (60 \times 60)s = 3.6 \times 10^6 W·s = 3.6 \times 10^6 J$$

$1kW·h$ 可以这样理解：一个电功率为 100W 的灯泡连续使用 10h，消耗的电功为 $1kW·h$（即消耗 1 度电）。

（2）电功率

电流需要通过一些用电设备才能做功。为了衡量这些设备做功能力的大小，引入一个电功率的概念。**电流单位时间做的功称为电功率。电功率用 P 表示，单位是瓦（W）**，此外还有千瓦（kW）和毫瓦（mW），它们之间的换算关系是

$$1kW = 10^3 W = 10^6 mW$$

电功率的计算公式是

$$P = UI$$

根据欧姆定律可知 $U = IR$，$I = U/R$，所以电功率还可以用公式 $P = I^2R$ 和 $P = U^2/R$ 来求。

下面以如图 1-8 所示电路来说明电功率的计算方法。

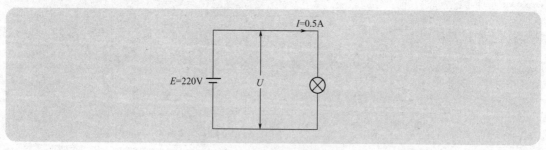

图 1-8　电功率的计算说明图

在如图 1-8 所示电路中，白炽灯两端的电压为 220V（它与电源的电动势相等），流过白炽灯的电流为 0.5A，那么白炽灯的功率、电阻和白炽灯在 10s 所做的功分别为

白炽灯的功率　　$P = UI = 220V \times 0.5A = 110V·A = 110W$

白炽灯的电阻　　$R = U/I = 220V/0.5A = 440V/A = 440\Omega$

白炽灯在 10s 做的功　$W = UIt = 220V \times 0.5A \times 10s = 1100J$

（3）焦耳定律

电流流过导体时导体会发热，这种现象称为电流的热效应。电热锅、电饭煲和电热水器等都是利用电流的热效应来工作的。

英国物理学家焦耳通过实验发现：**电流流过导体，导体发出的热量与导体流过的电流、导体的电阻和通电的时间有关。** 焦耳定律具体内容是：**电流流过导体产生的热量，与电流的平方及导体的电阻成正比，与通电时间也成正比。** 由于这个定律除了由焦耳发现外，俄国科学家楞次也通过实验独立发现，故该定律又称焦耳-楞次定律。

焦耳定律可用下面的公式表示

$$Q = I^2 R t$$

式中，Q 表示热量，J；R 表示电阻，Ω；t 表示时间，s。

举例：某台电动机额定电压是 220V，线圈的电阻是 0.4Ω，当电动机接 220V 的电压时，流过的电流是 3A，那么电动机的功率和线圈每秒发出的热量分别为

电动机的功率是 　　　　　$P = UI = 220\text{V} \times 3\text{A} = 660\text{W}$

电动机线圈每秒发出的热量　$Q = I^2 R t = (3\text{A})^2 \times 0.4\Omega \times 1\text{s} = 3.6\text{J}$

1.2　直流电与交流电

1.2.1　直流电

直流电是指方向始终固定不变的电压或电流。能产生直流电的电源称为直流电源。 常见的干电池、蓄电池和直流发电机等都是直流电源，直流电源常用如图 1-9(a) 所示的图形符号表示。直流电的电流方向总是由电源正极流出，再通过电路流到负极。在如图 1-9(b) 所示的直流电路中，电流从直流电源正极流出，经电阻 R 和灯泡流到负极结束。

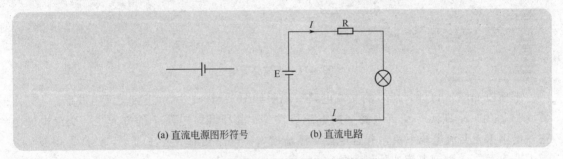

(a) 直流电源图形符号　　　　　(b) 直流电路

图 1-9　直流电源图形符号与直流电路

直流电又分为稳定直流电和脉动直流电。

(1) 稳定直流电

稳定直流电是指方向固定不变并且大小也不变的直流电。 稳定直流电可用如图 1-10(a) 所示波形表示，稳定直流电的电流 I 的大小始终保持恒定（始终为 6mA），在图中用直线表示；直流电的电流方向保持不变，始终是从电源正极流向负极，图中的直线始终在 t 轴上方，表示电流的方向始终不变。

(2) 脉动直流电

脉动直流电是指方向固定不变，但大小随时间变化的直流电。 脉动直流电可用如图 1-10(b) 所示的波形表示，从图 1-10(b) 中可以看出，脉动直流电的电流 I 的大小随时间作波动变化（如在 t_1 时刻电流为 6mA，在 t_2 时刻电流变为 4mA），电流大小波动变化在图中用曲线表示；脉动直流电的方向始终不变（电流始终从电源正极流向负极），图 1-10(b) 中的曲线始终在 t 轴上方，表示电流的方向始终不变。

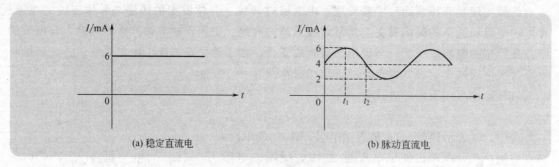

(a) 稳定直流电　　　　　　　　　　(b) 脉动直流电

图 1-10　直流电

1.2.2　单相交流电

交流电是指方向和大小都随时间作周期性变化的电压或电流。交流电类型很多，其中最常见的是正弦交流电，因此这里就以正弦交流电为例来介绍交流电。

（1）正弦交流电

正弦交流电的符号、电路和波形如图 1-11 所示。

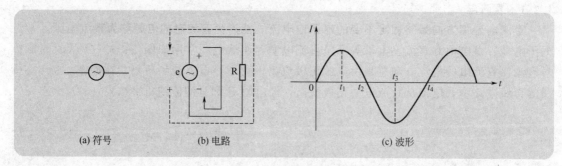

(a) 符号　　　　　　(b) 电路　　　　　　　　　(c) 波形

图 1-11　正弦交流电

下面以如图 1-11(b) 所示的交流电路来说明如图 1-11(c) 所示正弦交流电波形。

① 在 $0\sim t_1$ 期间　交流电源 e 的电压极性是上正下负，电流 I 的方向是：交流电源上正→电阻 R→交流电源下负，并且电流 I 逐渐增大，电流逐渐增大在图 1-11(c) 中用波形逐渐上升表示，t_1 时刻电流达到最大值。

② 在 $t_1\sim t_2$ 期间　交流电源 e 的电压极性仍是上正下负，电流 I 的方向仍是：交流电源上正→电阻 R→交流电源下负，但电流 I 逐渐减小，电流逐渐减小在图 1-11(c) 中用波形逐渐下降表示，t_2 时刻电流为 0。

③ 在 $t_2\sim t_3$ 期间　交流电源 e 的电压极性变为上负下正，电流 I 的方向也发生改变，图 1-11(c) 中的交流电波形由 t 轴上方转到下方表示电流方向发生改变，电流 I 的方向是：交流电源下正→电阻 R→交流电源上负，电流反方向逐渐增大，t_3 时刻反方向的电流达到最大值。

④ 在 $t_3\sim t_4$ 期间　交流电源 e 的电压极性仍为上负下正，电流仍是反方向，电流的方向是：交流电源下正→电阻 R→交流电源上负，电流反方向逐渐减小，t_4 时刻电流减小到 0。

t_4 时刻以后，交流电源的电流大小和方向变化与 $0\sim t_4$ 期间变化相同。实际上，交流电源不但电流大小和方向按正弦波变化，其电压大小和方向变化也像电流一样按正弦波变化。

（2）周期和频率

周期和频率是交流电最常用的两个概念，下面以如图1-12所示的正弦交流电波形图来说明。

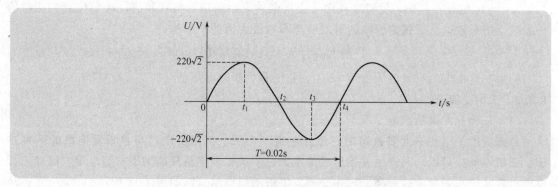

图1-12　正弦交流电的周期、频率和瞬时值说明图

① 周期　从图1-12可以看出，交流电变化过程是不断重复的，**交流电重复变化一次所需的时间称为周期，周期用 T 表示，单位是秒（s）**。如图1-12所示交流电的周期为 $T＝0.02s$，说明该交流电每隔0.02s就会重复变化一次。

② 频率　**交流电在每秒钟内重复变化的次数称为频率，频率用 f 表示**，它是周期的倒数，即

$$f=\frac{1}{T}$$

频率的单位是赫兹（Hz）。如图1-12所示交流电的周期 $T＝0.02s$，那么它的频率 $f＝1/T＝1/0.02＝50Hz$，该交流电的频率 $f＝50Hz$，说明在1s内交流电能重复 $0～t_4$ 这个过程50次。交流电变化越快，变化一次所需要时间越短，周期就越短，频率就越高。

（3）瞬时值和有效值

① 瞬时值　**交流电的大小和方向是不断变化的，交流电在某一时刻的值称为交流电在该时刻的瞬时值**。以如图1-12所示的交流电压为例，它在 t_1 时刻的瞬时值为 $220\sqrt{2}V$（约为311V），该值为最大瞬时值，在 t_2 时刻瞬时值为0V，该值为最小瞬时值。

② 有效值　交流电的大小和方向是不断变化的，这给电路计算和测量带来不便，为此引入有效值的概念。下面以如图1-13所示电路来说明有效值的含义。

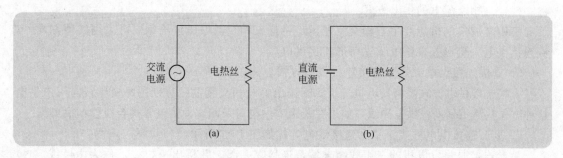

图1-13　交流电有效值的说明图

如图1-13所示两个电路中的电热丝完全一样，现分别给电热丝通交流电和直流电，如果两电路通电时间相同，并且电热丝发出热量也相同，对电热丝来说，这里的交流电和直流

电是等效的，那么就将图1-13（b）中直流电的电压值或电流值称为图1-13（a）中交流电的有效电压值或有效电流值。

交流市电电压为220V指的就是有效值，其含义是虽然交流电压时刻变化，但它的效果与220V直流电是一样的。没特别说明，交流电的大小通常是指有效值，测量仪表的测量值一般也是指有效值。**正弦交流电的有效值与瞬时最大值的关系是**

$$最大瞬时值 = \sqrt{2} \times 有效值$$

例如交流市电的有效电压值为220V，它的最大瞬时电压值＝$220\sqrt{2} \approx 311$V。

1.2.3 三相交流电

（1）三相交流电的产生

目前应用的电能绝大多数是由三相发电机产生的，**三相发电机与单相发电机的区别在于：三相发电机可以同时产生并输出三组电源，而单相发电机只能输出一组电源，因此三相发电机效率较单相发电机更高。** 三相交流发电机的结构示意图如图1-14所示。

从图1-14中可以看出，三相发电机主要是由互成120°且固定不动的U、V、W三组线圈和一块旋转磁铁组成。当磁铁旋转时，磁铁产生的磁场切割这三组线圈，这样就会在U、V、W三组线圈中分别产生交流电动势，各线圈两端就分别输出交流电压U_U、U_V、U_W，这三组线圈输出的三组交流电压就称作三相交流电压。

不管磁铁旋转到哪个位置，穿过三组线圈的磁感线都会不同，所以三组线圈产生的交流电压波形也就不同。三相交流发电机产生的三相交流电波形如图1-15所示。

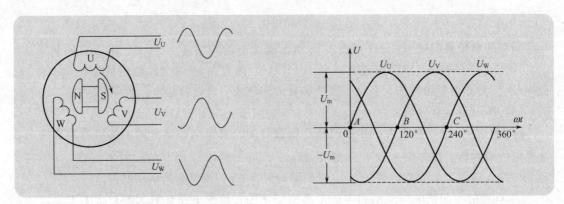

图 1-14 三相交流发电机的结构示意图　　　图 1-15 三相交流电的波形

（2）三相交流电的供电方式

三相交流发电机能产生三相交流电压，将这三相交流电压供给用户可采用三种方式：直接连接供电、星形连接供电和三角形连接供电。

① 直接连接供电方式　直接连接供电方式如图1-16所示。

直接连接供电方式是将发电机三组线圈输出的每相交流电压分别用两根导线向用户供电，这种方式共需用到六根供电导线，如果在长距离供电时采用这种供电方式会使成本很高。

② 星形连接供电方式　星形连接供电方式如图1-17所示。

星形连接是将发电机的三组线圈末端都连接在一起，并接出一根线，称为中性线（N），三组线圈的首端各引出一根线，称为相线，这三根相线分别称作U相线（L1）、V相线（L2）和W相线（L3）。三根相线分别连接到单独的用户，而中性线则在用户端一分为三，同时连接三个用户，这样发电机三组线圈上的电压就分别提供给各自的用户。在这种供电方

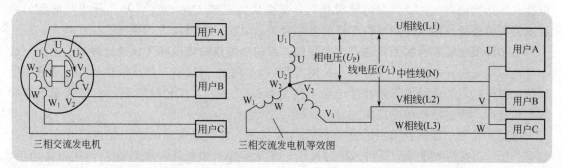

<table>
<tr><td>图 1-16　直接连接供电方式</td><td>图 1-17　星形连接供电方式</td></tr>
</table>

式中，发电机三组线圈连接成星形，并且采用四根线来传送三相电压，故称作三相四线制星形连接供电方式。

　　任意一根相线与中性线之间的电压都称为相电压 U_P，该电压实际上是任意一组线圈两端的电压。**任意两根相线之间的电压称为线电压 U_L**。从图 1-17 中可以看出，线电压实际上是两组线圈上的相电压叠加得到的，但线电压 U_L 的值并不是相电压 U_P 的 2 倍，因为任意两组线圈上的相电压的相位都不相同，不能进行简单地乘 2 来求得。根据理论推导可知，**在星形连接时，线电压是相电压的 $\sqrt{3}$ 倍**，即

$$U_L = \sqrt{3}U_P$$

如果相电压 $U_P = 220\text{V}$，根据上式可计算出线电压 U_L 约为 380V。

　　③ 三角形连接供电方式　三角形连接供电方式如图 1-18 所示。

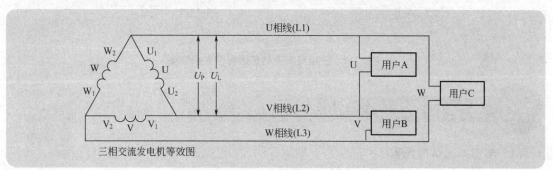

图 1-18　三角形连接供电方式

　　三角形连接是将发电机的三组线圈首末端依次连接在一起，连接方式呈三角形，在三个连接点各接出一根线，分别称作 U 相线（L1）、V 相线（L2）和 W 相线（L3）。将三根相线按如图 1-18 所示的方式与用户连接，三组线圈上的电压就分别提供给各自的用户。在这种供电方式中，发电机三组线圈连接成三角形，并且采用三根线来传送三相电压，故称作三相三线制三角形连接供电方式。

　　三角形连接方式中，相电压 U_P（每组线圈上的电压）和线电压 U_L（两根相线之间的电压）是相等的，即

$$U_L = U_P$$

　　（3）三相交流电的远距离传送

　　发电部门的发电机将其他形式的能（如水能、风能、热能和核能等）转换成电能，电能再通过导线传送给用户。由于用户与发电部门的距离往往很远，电能传送需要很长的导线，

电能在传送的过程中，导线对电能有损耗，根据焦耳定律 $Q=I^2Rt$ 可知，导线对电能的损耗主要与流过导线的电流和导线本身的电阻有关，电流、电阻越大，导线的损耗越大。

为了降低电能在导线上传送产生的损耗，可减小导线的电阻和降低流过导线的电流。减小导线对电能损耗的具体方法有：①采用电阻率小的铝或铜材料制作成较粗的导线来减小导线的电阻；②提高传输电压来减小电流，这是根据 $P=UI$，在传输功率一定的情况下，导线电压越高，流过导线的电流越小。

电能从发电站传送到用户的过程如图 1-19 所示。发电机输出的电压先送到升压变电站进行升压，升压后得到 110～330kV 的高压，高压经导线进行远距离传送，到达目的地后，再由降压变电站的降压变压器将高压降低成低压，再提供给用户。实际上，在提升电压时，往往不是依靠一个变压器将低压提升到很高的电压，而是经过多个升压变压器一级级进行升压的，在降压时，也需要经多个降压变压器进行逐级降压。

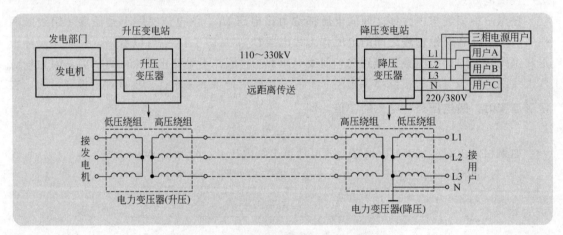

图 1-19　三相交流电的远距离传送示意图

1.3　安全用电

1.3.1　电流对人体的伤害

（1）人体对不同电流呈现的症状

当人体不小心接触带电体时，就会有电流流过人体，这就是触电。人体在触电时表现出来的症状与流过人体的电流有关，表 1-2 是人体通过大小不同的交、直流电流时所表现出来的症状。

表 1-2　人体通过大小不同的交、直流电流时的症状

电流/mA	人体表现出来的症状	
	交流(50～60Hz)	直流
0.6～1.5	开始有感觉——手轻微颤抖	没有感觉
2～3	手指强烈颤抖	没有感觉
5～7	手部痉挛	感觉痒和热
8～10	手已难于摆脱带电体,但还能摆脱;手指尖部到手腕剧痛	热感觉增加
20～25	手迅速麻痹,不能摆脱带电体;剧痛,呼吸困难	热感觉大大加强,手部肌肉收缩
50～80	呼吸麻痹,心室开始颤动	强烈的热感受,手部肌肉收缩,痉挛,呼吸困难
90～100	呼吸麻痹,延续 3s 或更长时间,心脏麻痹,心室颤动	呼吸麻痹

从表1-2中可以看出，流过人体的电流越大，人体表现出来的症状越强烈，电流对人体的伤害越大；另外，对于相同大小的交流和直流来说，交流对人体伤害更大一些。

一般规定，10mA以下的工频（50Hz或60Hz）交流电流或50mA以下的直流电流对人体是安全的，故将该范围内的电流称为安全电流。

（2）与触电伤害程度有关的因素

有电流通过人体是触电对人体伤害的最根本原因，流过人体的电流越大，人体受到的伤害越严重。**触电对人体伤害程度的具体相关因素如下。**

① **人体电阻的大小**　人体是一种有一定阻值的导电体，其电阻大小不是固定的，当人体皮肤干燥时阻值较大（10～100kW）；当皮肤出汗或破损时阻值较小（800～1000W）；另外，当接触带电体的面积大、接触紧密时，人体电阻也会减小。在接触大小相同的电压时，人体电阻越小，流过人体的电流就越大，触电对人体的伤害就越严重。

② **触电电压的大小**　当人体触电时，接触的电压越高，流过人体的电流就越大，对人体伤害就更严重。一般规定，在正常的环境下安全电压为36V，在潮湿场所的安全电压为24V和12V。

③ **触电的时间**　如果触电后长时间未能脱离带电体，电流长时间流过人体会造成严重的伤害。

此外，即使相同大小的电流，流过人体的部位不同，对人体造成的伤害也不同。电流流过心脏和大脑时，对人体危害最大，所以双手之间、头足之间和手脚之间的触电更为危险。

1.3.2　人体触电的几种方式

人体触电的方式主要有单相触电、两相触电和跨步触电。

（1）单相触电

单相触电是指人体只接触一根相线时发生的触电。单相触电如图1-20所示。

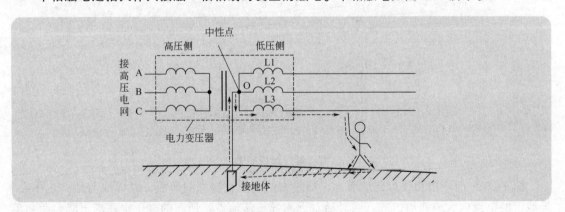

图1-20　电源中性点接地触电方式

电力变压器的低压侧有三个绕组，它们的一端接在一起并且与大地相连，这个连接点称为中性点。每个绕组上有220V电压，每个绕组在中性点另一端接出一根相线，每根相线与地面之间有220V的电压。当站在地面上的人体接触某一根相线时，就有电流流过人体，电流的途径是：变压器低压侧L3绕组的一端→相线→人体→大地→接地体→变压器中性点→L3绕组的另一端，如图1-20中虚线箭头所示。

单相触电方式对人体的伤害程度与人体与地面的接触电阻有关。若赤脚站在地面上，人与地面的接触电阻小，流过人体的电流大，触电伤害大；若穿着胶底鞋，则伤害轻。

（2）两相触电

两相触电是指人体同时接触两根相线时发生的触电。两相触电如图 1-21 所示。

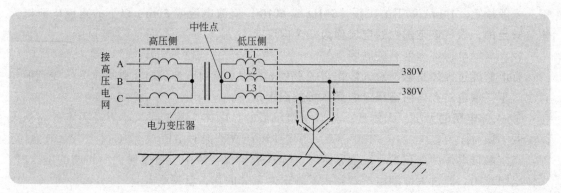

图 1-21　两相触电

当人体同时接触两根相线时，由于两根相线之间有 380V 的电压，有电流流过人体，电流途径是：一根相线→人体→另一根相线。由于加到人体的电压有 380V，故流过人体的电流很大，在这种情况下，即使触电者穿着绝缘鞋或站在绝缘台上，也起不了保护作用，因此两相触电对人体是很危险的。

（3）跨步触电

当电线或电气设备与地发生漏电或短路时，有电流向大地泄漏扩散，在电流泄漏点周围会产生电压降，当人体在该区域行走时会发生触电，这种触电称为跨步触电。跨步触电如图 1-22 所示。

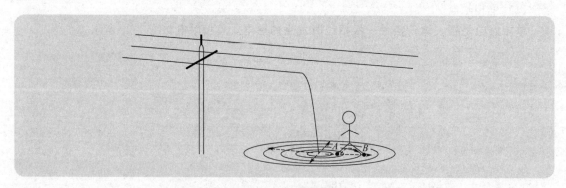

图 1-22　跨步触电

图 1-22 中的一根相线掉到地面上，导线上的电压直接加到地面，以导线落地点为中心，导线上的电流向大地四周扩散，同时随着远离导线落地点，地面的电压也逐渐下降，距离落地点越远，电压越低。当人在导线落地点周围行走时，由于两只脚的着地点与导线落地点的距离不同，这两点电压也不同，图 1-22 中 A 点与 B 点的电压不同，它们存在着电压差，比如 A 点电压为 110V，B 点电压为 60V，那么两只脚之间的电压差为 50V，该电压使电流流过两只脚，从而导致人体触电。

一般来说，在低压电路中，在距离电流泄漏点 1m 范围内，电压约有 60% 的降低；在 2～10m 内，电压约有 24% 的降低；在 11～20m 内，电压约有 8% 的降低；在 20m 以外电压就很低，通常不会发生跨步触电。

根据跨步触电原理可知，只有两只脚的距离小才能让两只脚之间的电压小，才能减轻跨

步触电的危害，所以当不小心进入跨步触电区域时，不要急于迈大步跑出来，而是迈小步或单足跳出。

1.3.3 接地与接零

电气设备在使用过程中，可能会出现绝缘层损坏、老化或导线短路等现象，这样会使电气设备的外壳带电，如果人不小心接触外壳，就会发生触电事故。解决这个问题的方法就是将电气设备的外壳接地或接零。

（1）接地

接地是指将电气设备的金属外壳或金属支架直接与大地连接。接地如图 1-23 所示。

在图 1-23 中，为了防止电动机外壳带电而引起触电事故，对电动机进行接地，即用一根接地线将电动机的外壳与埋入地下的接地装置连接起来。当电动机内部绕组与外壳漏电或短路时，外壳会带电，将电动机外壳进行接地后，外壳上的电会沿接地线、接地装置向大地泄放掉，在这种情况下，即使人体接触电动机外壳，也会由于人体电阻远大于接地线与接地装置的接地电阻（接地电阻通常小于 4Ω），外壳上电绝大多数从接地装置泄入大地，而沿人体进入大地的电流很小，不会对人体造成伤害。

（2）接零

接零是指将电气设备的金属外壳或金属支架等与零线连接起来。接零如图 1-24 所示。

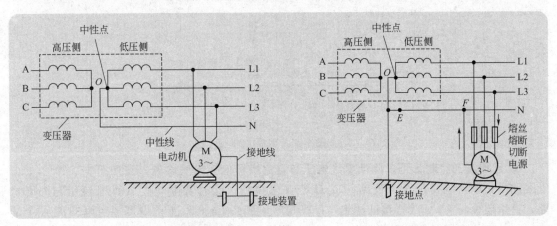

图 1-23　接地　　　　　　　　　　　　图 1-24　接零

在图 1-24 中，变压器低压侧的中性点引出线称为零线，零线一方面与接地装置连接，另一方面和三根相线一起向用户供电。由于这种供电方式采用一根零线和三根相线，因此称为三相四线制供电。为了防止电动机外壳带电，除了可以将外壳直接与大地连接外，也可以将外壳与零线连接，当电动机某绕组与外壳短路或漏电时，外壳与绕组间的绝缘电阻下降，会有电流从变压器某相绕组→相线→漏电或短路的电动机绕组→外壳→零线→中性点，最后到相线的另一端。该电流使电动机串接的熔断器熔断，从而保护电动机内部绕组，防止故障范围扩大。在这种情况下，即使熔断器未能及时熔断，也会由于电动机外壳通过零线接地，外壳上的电压很低，因此人体接触外壳不会产生触电伤害。

对电气设备进行接零，在电气设备出现短路或漏电时，会让电气设备呈现单相短路，可以让保护装置迅速动作而切断电源。另外，通过将零线接地，可以拉低电气设备外壳的电压，从而避免人体接触外壳时造成触电伤害。

（3）重复接地

重复接地是指在零线上多处进行接地。重复接地如图 1-25 所示,从图中可以看出,零线除了将中性点接地外,还在 H 点进行了接地。

在零线上重复接地有以下的优点。

① 有利于减小零线与地之间的电阻   零线与地之间的电阻主要由零线自身的电阻决定,零线越长,电阻越大,这样距离接地点越远的位置,零线上的电压越高。图 1-25 中的 F 点距离接地点较远,如果未重复接地(H 点未接地)时,F 点与接地点之间的电阻较大,当电动机的绕组与外壳短路或漏电时,因为外壳与接地点之间的电阻大,所以电动机外壳上仍有较高的电压,人体接触外壳就有触电的危险。采用的重复接地(在 H 点也接地)后,由于零线两处接地,可以减小零线与地之间的电阻,在电气设备漏电时,可以使电气设备外壳和零线的电压很低,不至于发生触电事故。

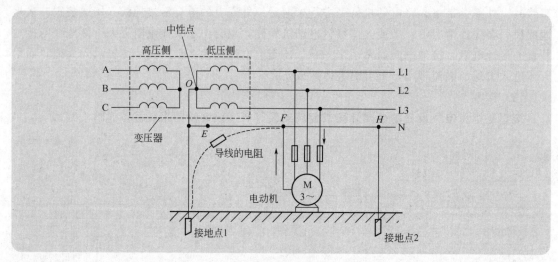

图 1-25   重复接地

② 当零线开路时,可以降低零线电压和避免烧坏单相电气设备   在如图 1-26 所示的电气线路中,如果零线在 E 点开路,若 H 点又未接地,此时若电动机 A 的某绕组与外壳短路,这里假设与 L3 相线连接的绕组与外壳短路,那么 L3 相线上的电压通过电动机 A 上的绕组、外壳加到零线上,零线上的电压大小就与 L3 相线上的电压一样。由于每根相线与地

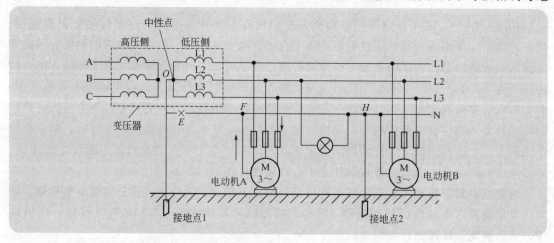

图 1-26   重复接地可以降低零线电压和避免烧坏单相电气设备

之间的电压为 220V，因而零线上也有 220V 的电压，而零线又与电动机 B 外壳相连，所以电动机 A 和电动机 B 的外壳都有 220V 的电压，人体接触电动机 A 或电动机 B 的外壳时都会发生触电。另外，并接在相线 L2 与零线之间的灯泡两端有 380V 的电压（灯泡相当于接在相线 L2、L3 之间），由于正常工作时灯泡两端电压为 220V，而现在由于 L3 相线与零线短路，灯泡两端电压变成 380V，灯泡就会烧坏。如果采用重复接地，在零线 H 点位置也接地，则即使 E 点开路，依靠 H 点的接地也可以将零线电压拉低，从而避免上述情况的发生。

1.3.4　触电的急救方法

当发现人体触电后，第一步是让触电者迅速脱离电源，第二步是对触电者进行现场救护。

（1）让触电者迅速脱离电源

让触电者迅速脱离电源可采用以下方法。

① 切断电源　如断开电源开关、拔下电源插头或瓷插保险等，对于单极电源开关，断开一根导线不能确保一定切断了电源，故尽量切断双极开关（如闸刀开关、双极空气开关）。

② 用带有绝缘柄的利器切断电源线　如果触电现场无法直接切断电源，可用带有绝缘手柄的钢丝钳或带干燥木柄的斧头、铁锹等利器将电源线切断，切断时应防止带电导线断落触及周围的人体，不要同时切断两根线，以免两根线通过利器直接短路。

③ 用绝缘物使导线与触电者脱离　常见的绝缘物有干燥的木棒、竹竿、塑料硬管和绝缘绳等，用绝缘物挑开或拉开触电者接触的导线。

④ 拉拽触电者衣服，使之与导线脱离　拉拽时，可戴上手套或在手上包缠干燥的衣服、围巾、帽子等绝缘物拖拽触电者，使之脱离电源。若触电者的衣裤是干燥的，又没有紧缠在身上，可直接用一只手抓住触电者不贴身的衣裤，将触电者拉脱电源。拖拽时切勿触及触电者的皮肤。还可以站在干燥的木板、木桌椅或橡胶垫等绝缘物品上，用一只手把触电者拉脱电源。

（2）现场救护

触电者脱离电源后，应先就地进行救护，同时通知医院并做好将触电者送往医院的准备工作。

在现场救护时，根据触电者受伤害的轻重程度，可采取以下救护措施。

① 对于未失去知觉的触电者　如果触电者所受的伤害不太严重，神志尚清醒，只是心悸、头晕、出冷汗、恶心、呕吐、四肢发麻、全身乏力，甚至一度昏迷，但未失去知觉，则应让触电者在通风暖和的地方静卧休息，并派人严密观察，同时请医生前来或送往医院诊治。

② 对于已失去知觉的触电者　如果触电者已失去知觉，但呼吸和心跳尚正常，则应将其舒适地平卧着，解开衣服以利呼吸，四周不要围人，保持空气流通，冷天应注意保暖，同时立即请医生前来或送往医院诊察。若发现触电者呼吸困难或心跳失常，应立即施行人工呼吸或胸外心脏挤压。

③ 对于"假死"的触电者　触电者"假死"可能有三种临床症状：一是心跳停止，但尚能呼吸；二是呼吸停止，但心跳尚存（脉搏很弱）；三是呼吸和心跳均已停止。

当判定触电者呼吸和心跳停止时，应立即按心肺复苏法就地抢救，并立即请医生前来。心肺复苏法就是支持生命的三项基本措施：通畅气道、口对口（鼻）人工呼吸、胸外心脏按压（人工循环）。

第 **2** 章
家装电工常用工具及使用

2.1 常用电工工具及使用

2.1.1 螺丝刀

螺丝刀又称起子、改锥、螺丝批、旋具等，它是一种用来旋动螺钉的工具。

（1）分类和规格

根据头部形状不同，螺丝刀可分为一字形（又称平口形）和十字形（又称梅花形），如图 2-1 所示；根据手柄的材料和结构不同，可分为木柄和塑料柄；根据手柄以外的刀体长度不同，螺丝刀可分为 100mm、150mm、200mm、300mm 和 400mm 等多种规格。在转动螺钉时，应选用合适规格的螺丝刀，如果用小规格的螺丝刀旋转大号螺钉，容易旋坏螺丝刀。

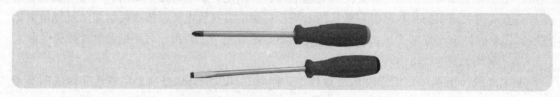

图 2-1 十字形和一字形螺丝刀

（2）多用途螺丝刀

多用途螺丝刀由手柄和多种规格刀头组成，可以旋转多种规格的螺钉，多用途螺丝刀有手动和电动之分，如图 2-2 所示，电动螺丝刀适用于有大量的螺钉需要紧固或松动的场合。

（3）螺丝刀的使用方法与技巧

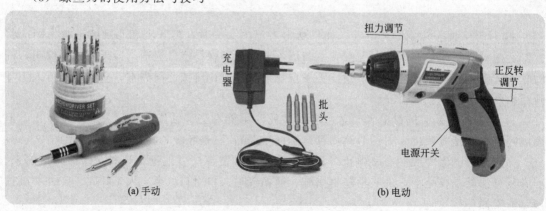

(a) 手动　　　　　　　　　　　　　(b) 电动

图 2-2 多用途螺丝刀

螺丝刀的使用方法与技巧如下。

① 在旋转大螺钉时使用大螺丝刀，用大拇指、食指和中指握住手柄，手掌要顶住手柄的末端，以防螺丝刀转动时滑脱，如图2-3(a)所示。

② 在旋转小螺钉时，用拇指和中指握住手柄，而用食指顶住手柄的末端，如图2-3(b)所示。

③ 使用较长的螺丝刀时，可用右手顶住并转动手柄，左手握住螺丝刀中间部分，用来稳定螺丝刀以防滑落。

④ 在旋转螺钉时，一般顺时针旋转螺丝刀可紧固螺钉，逆时针为旋松螺钉，少数螺钉恰好相反。

⑤ 在带电操作时，应让手与螺丝刀的金属部位保持绝缘，避免发生触电事故。

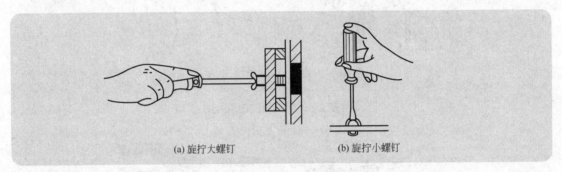

(a) 旋拧大螺钉　　　　　(b) 旋拧小螺钉

图2-3　螺丝刀的使用

2.1.2　钢丝钳

（1）外形与结构

钢丝钳又称老虎钳，它由钳头和钳柄两部分组成，钳头有钳口、齿口、刀口和铡口四部分组成，电工使用的钢丝钳的钳柄带塑料套，耐压为500V。钢丝钳的外形与结构如图2-4所示。

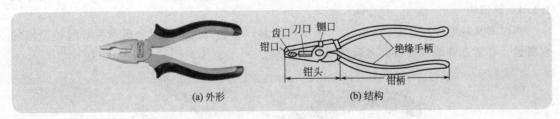

(a) 外形　　　　　(b) 结构

图2-4　钢丝钳

（2）使用

钢丝钳的功能很多，钳口可弯绞或钳夹导线线头，齿口可旋拧螺母，刀口可剪切导线或剖削软导线绝缘层，铡口用来铡切导线线芯、钢丝或铅丝等较硬金属。钢丝钳的使用如图2-5所示。

2.1.3　尖嘴钳

尖嘴钳的头部呈细长圆锥形，在接近端部的钳口上有一段齿纹，尖嘴钳的外形如图2-6所示。

由于尖嘴钳的头部尖而长，适合在狭小的环境中夹持轻巧的工件或线材，也可以给单股导线接头弯圈，带刀口的尖嘴钳不但可以剪切较细线径的单股与多股线，还可以剥塑料绝缘

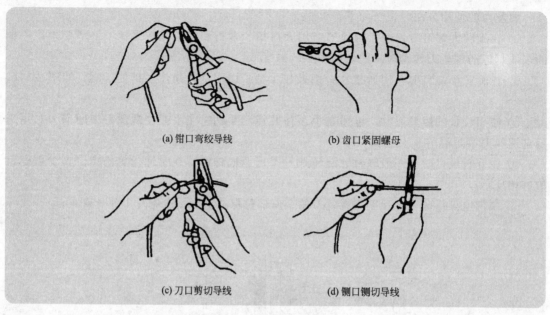

(a) 钳口弯绞导线　　　　　　　(b) 齿口紧固螺母

(c) 刀口剪切导线　　　　　　　(d) 铡口铡切导线

图 2-5　钢丝钳的使用

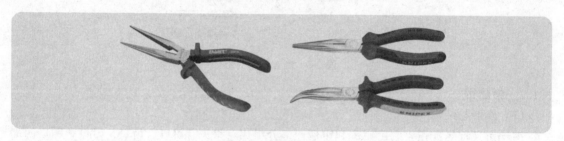

图 2-6　尖嘴钳的外形

层。电工使用的尖嘴钳的柄部应套塑料管绝缘层。

2.1.4　斜口钳

斜口钳又称断线钳，其外形如图 2-7 所示。斜口钳主要用于剪切金属薄片和线径较细的金属线，非常适合清除接线后多余的线头和飞刺。

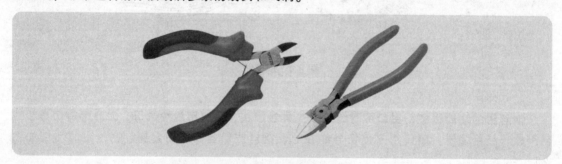

图 2-7　斜口钳的外形

2.1.5　剥线钳

剥线钳用来剥削导线头部表面的绝缘层，其外形如图 2-8 所示，它由刀口、压线口和钳柄组成，剥线钳的钳柄上套有额定工作电压为 500V 的绝缘套。

剥线钳的使用方法如下。

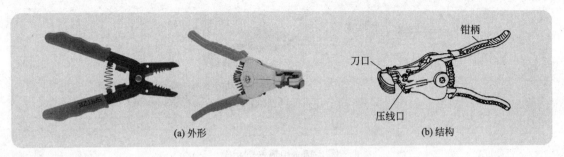

图 2-8 剥线钳

① 根据导线的粗细型号，选择相应的剥线刀口。

② 将导线放在剥线工具的刀刃中间，选择好要剥线的长度。

③ 握住剥线工具手柄，将导线夹住，缓缓用力使导线外表皮慢慢剥落。

④ 松开钳柄，取出导线，导线的金属芯会整齐露出来，其余绝缘塑料完好无损。

2.1.6 电工刀

电工刀用来剖削导线线头、切削木台缺口和削制木枕等，其外形如图 2-9 所示。

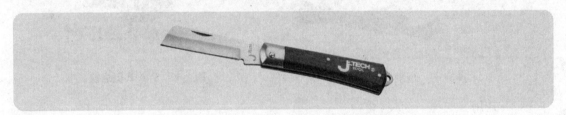

图 2-9 电工刀

在使用电工刀时，要注意以下几点。

① 电工刀的刀柄是无绝缘保护的，故不得带电操作，以免触电。

② 应将刀口朝外剖削，并注意避免伤及手指。

③ 剖削导线绝缘层时，应使刀面与导线成较小的锐角，以免割伤导线。

④ 电工刀用完后，应将刀身折进刀柄中。

2.1.7 电烙铁

电烙铁是一种焊接工具，它是电路装配和检修不可缺少的工具，元器件的安装和拆卸都要用到，另外，在导线连接处使用电烙铁进行焊接，可提高导线的连接强度和可靠性。

（1）结构

电烙铁主要由烙铁头、套管、烙铁芯（发热体）、手柄和导线等组成，电烙铁的结构如图 2-10 所示。当烙铁芯通过导线获得供电后会发热，发热的烙铁芯通过金属套管加热烙铁头，烙铁头的温度达到一定值时就可以进行焊接操作。

（2）种类

电烙铁的种类很多，常见的有内热式电烙铁和外热式电烙铁。

内热式电烙铁是指烙铁头套在发热体外部的电烙铁。内热式电烙铁如图 2-11 所示。内热式电烙铁具有体积小、重量轻、预热时间短，一般用于小元件的焊接，功率一般较小，但发热元件易损坏。

外热式电烙铁是指烙铁头安装在发热体内部的电烙铁。外热式电烙铁如图 2-12 所示。

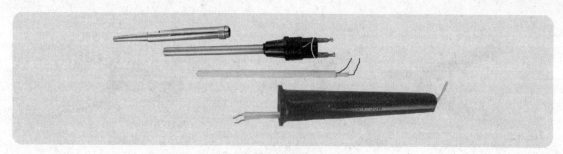

图 2-10　电烙铁的结构

外热式电烙铁的烙铁头长短可以调整，烙铁头越短，烙铁头的温度就越高，烙铁头有凿式、尖锥形、圆面形、圆、尖锥形和半圆沟形等不同的形状，可以适应不同焊接面的需要。

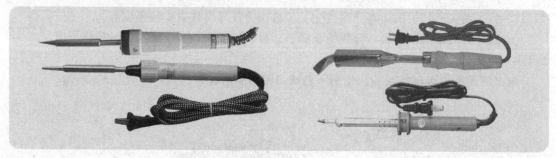

图 2-11　内热式电烙铁　　　　　　　　图 2-12　外热式电烙铁

（3）选用

在选用电烙铁时，可按下面原则进行选择。

① 在选用电烙铁时，烙铁头的形状要适应被焊接件物面要求和产品装配密度。对于焊接面小的元件，可选用尖嘴电烙铁，对于焊接面大的元件，可选用扁嘴电烙铁。

② 在焊接集成电路、晶体管及其他受热易损坏的元器件时，一般选用 20W 内热式或 25W 外热式电烙铁。

③ 在焊接较粗的导线和同轴电缆时，一般选用 50W 内热式或者 45～75W 外热式电烙铁。

④ 在焊接很大元器件时，如金属底盘接地焊片，可选用 100W 以上的电烙铁。

（4）焊接技能

① 焊接前的准备工作　**在使用电烙铁焊接时，要做好以下准备工作。**

第一步：除氧化层。为了焊接时烙铁头能很容易粘上焊锡，在使用电烙铁前，可用小刀或锉刀轻轻除去烙铁头上的氧化层，氧化层刮掉后会露出金属光泽，该过程如图 2-13（a）所示。

第二步：沾助焊剂。烙铁头氧化层去除后，给电烙铁通电使烙铁头发热，再将烙铁头沾上松香（电子市场有售），会看见烙铁头上有松香蒸气，该过程如图 2-13（b）所示。松香的作用是防止烙铁头在高温时氧化，并且增强焊锡的流动性，使焊接更容易进行。

第三步：挂锡。当烙铁头沾上松香达到足够温度，烙铁头上有松香蒸气冒出，在烙铁头的头部涂一层焊锡，该过程如图 2-13（c）所示。给烙铁头挂锡的好处是保护烙铁头不被氧化，并使烙铁头更容易焊接元器件，一旦烙铁头"烧死"，即烙铁头温度过高上使烙铁头上的焊锡蒸发掉，烙铁头被烧黑氧化，焊接元器件就很难进行，这时又需要刮掉氧化层再挂锡才能使用。所以当电烙铁较长时间不使用时，应拔掉电源防止电烙铁"烧死"。

(a) 除氧化层　　　　　　　(b) 沾助焊剂　　　　　　　(c) 挂锡

图 2-13　电烙铁使用前的准备工作

② 焊接电子元器件　焊接元器件时，首先要将待焊接的元器件引脚上的氧化层轻轻刮掉，然后给电烙铁通电，发热后沾上松香，当烙铁头温度足够时，将烙铁头以 45°角度压在印刷板待元件引脚旁的焊铜箔上，然后再将焊锡丝接触烙铁头，焊锡丝熔化后成液态状，会流到元器件引脚四周，这时将烙铁头移开，焊锡冷却就将元器件引脚与印刷板铜箔焊接在一起了。元件的焊接如图 2-14 所示。

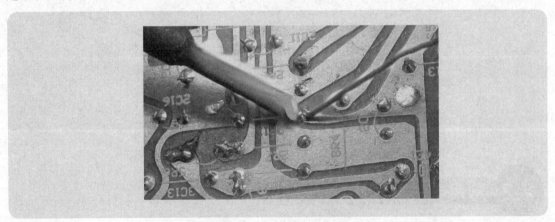

图 2-14　元件的焊接

焊接元器件时烙铁头接触印刷板和元器件时间不要太长，以免损坏印刷板和元器件，焊接过程要在 1.5～4s 时间内完成，焊接时要求焊点光滑且焊锡分布均匀。

③ 拆卸电子元器件　在拆卸印刷电路板上的元器件时，将电烙铁的烙铁头接触元器件引脚处的焊点，待焊点处的焊锡熔化后，在电路板另一面将该元件引脚拔出，然后再用同样的方法焊下另一引脚。这种方法拆卸三个以下引脚的元器件很方便，但拆卸四个以上引脚的元器件（如集成电路）就比较困难了。

拆卸四个以上引脚的元器件可使用吸锡电烙铁，也可用普通电烙铁借助不锈钢空芯套管或注射器针头（电子市场有售）来拆卸。不锈钢空芯套管和注射器针头如图 2-15 所示。多引脚元器件的拆卸方法如图 2-16 所示，用烙铁头接触该元器件某一引脚焊点，当该脚焊点的焊锡熔化后，将大小合适的注射器针头套在该引脚上并旋转，让元器件引脚与电路板焊锡铜箔脱离，然后将烙铁头移开，稍后拔出注射器针头，这样元器件引脚就与印刷板铜箔脱离开来，再用同样的方法使元器件其他引脚与电路板铜箔脱离，最后就能将该元器件从电路板上拔下来。

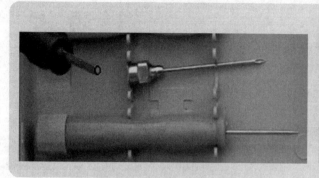

图 2-15　不锈钢空芯套管和注射器针头　　　图 2-16　用不锈钢空芯套管拆卸多引脚元件

④ 焊接导线连接点　当需要将两根导线连接起来时，先将两根导线的金属芯线绞合在一起，如图 2-17（a）所示，然后用电烙铁头沾一些焊锡，在导线连接处涂上焊锡，如图 2-17（b）所示，也可以将焊锡直接放在导线连接处，再用电烙铁熔化焊锡，这样可使导线之间连接更为牢固。

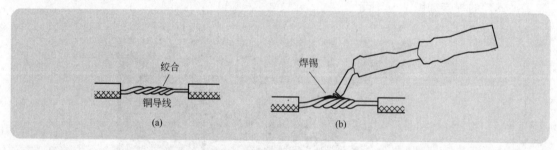

图 2-17　焊接导线连接处

2.2　常用电动工具及使用

2.2.1　冲击电钻

（1）外形

冲击电钻简称电钻、冲击钻，是一种用来在物体上钻孔的电动工具，可以在砖、砌块、混凝土等脆性材料上钻孔。冲击电钻的外形如图 2-18 所示。

（2）外部结构

冲击电钻是利用电机驱动各种钻头旋转来对物体进行钻孔。冲击电钻的各部分名称如图 2-19 所示。

冲击电钻有普通（平钻）和冲击两种钻孔方式，用普通/冲击转换开关可进行两种方式转换；冲击电钻可以使用正/反转切换开关来控制钻头正、反向旋转，如果将钻头换成了螺丝批时，可以旋进或旋出螺钉；转速调节旋钮的功能是调节钻头的转速；钻/停开关用于开始和停止钻头的工作，按下时钻头旋转，松开时钻头停转；如果希望松开钻/停开关后钻夹头仍旋转，可在按下开关时再按下自锁按钮，将钻/停开关锁定；钻头夹的功能是安装并夹

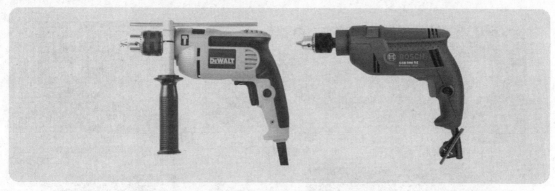

图 2-18　冲击电钻的外形

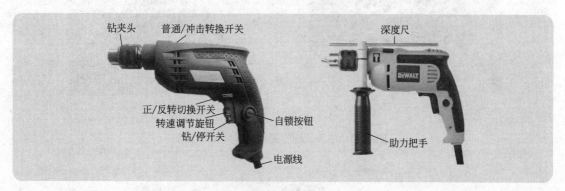

图 2-19　冲击电钻的各部分名称

紧钻头；助力把手的功能是在钻孔时便于把持电钻和用力；深度尺用来确定钻孔深度，可防止钻孔过深。

（3）使用

在使用冲击电钻时，先要做好以下工作。

a. 检查电钻使用的电源电压是否与供电电压一致，严禁 220V 的电钻使用 380V 的电压。

b. 检查电钻空转是否正常。给电钻通电，使之空转一段时间，观察转动时是否有异常的情况（如声音不正常）。

① 安装钻头、助力把手和深度尺　安装钻头过程如图 2-20 所示。

② 用冲击钻头在墙壁上钻孔　在墙上钻孔要用到冲击钻头，如图 2-21 所示，其钻头部分主要由硬质合金（如钨钢合金）构成。用冲击钻头在墙壁上钻孔如图 2-22 所示，在钻孔时，冲击电钻要选择"冲击"方式，操作时手顺着冲击方向稍微用力即可，不要像使用电锤一样用力压，以免损坏钻头和电钻。

使用冲击钻头不但可以在墙壁上钻孔，还可以在混凝土地基、花岗石是进行钻孔，以便在孔中安装膨胀螺栓、膨胀管等紧固件。

③ 用批头在墙壁安装螺钉　在家装时经常需要在墙壁上安装螺钉，以便悬挂一些物件（如壁灯等）。在墙壁安装螺钉时，先用冲击电钻在墙壁上钻孔，再往孔内敲入膨胀螺栓或膨胀管，如图 2-23 所示，然后往膨胀管内旋入螺钉。旋拧螺钉既可以使用普通的螺丝刀，也可以给冲击电钻安装旋拧螺钉的批头，如图 2-24 所示，让电钻带动批头来旋拧螺钉。

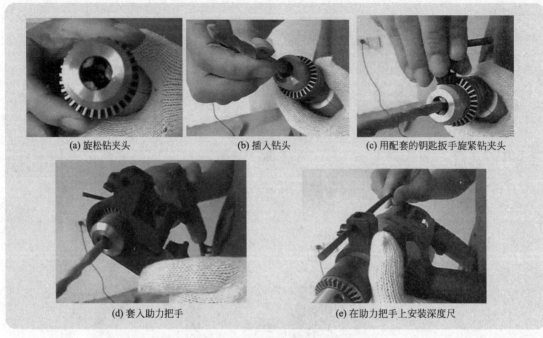

(a) 旋松钻夹头　　　　　　　(b) 插入钻头　　　　　　(c) 用配套的钥匙扳手旋紧钻夹头

(d) 套入助力把手　　　　　　(e) 在助力把手上安装深度尺

图 2-20　钻头、助力把手和深度尺的安装

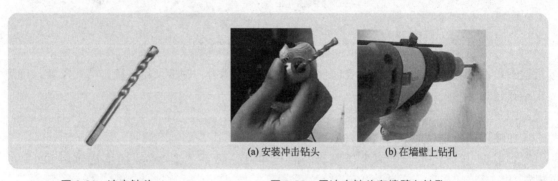

(a) 安装冲击钻头　　　　(b) 在墙壁上钻孔

图 2-21　冲击钻头　　　　　　图 2-22　用冲击钻头在墙壁上钻孔

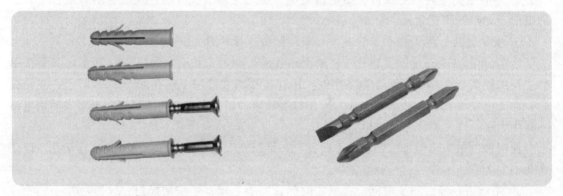

图 2-23　膨胀管（安装螺钉用）　　　　图 2-24　旋转螺钉的批头（电钻用）

　　用冲击电钻在墙壁安装螺钉的过程如图 2-25 所示。在用电钻的批头旋拧螺钉时，应将电钻的转速调慢，如果要旋出螺钉，可将旋转方向调为反向。

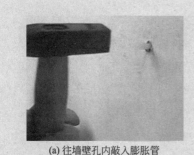
(a) 往墙壁孔内敲入膨胀管

(b) 给电钻安装批头

(c) 用批头往膨胀管内旋拧螺钉

图 2-25　用带批头的电钻安装螺钉

④ 用麻花钻头在木头、塑料和金属上钻孔　麻花钻头以形似麻花而得名，其外形如图 2-26 所示，麻花钻头适合在木头、塑料和金属上钻孔。在冲击电钻上安装麻花钻头如图 2-27 所示。在木头、塑料和金属上钻孔如图 2-28 所示，在钻孔时，冲击电钻要选择"普通"钻孔方式。

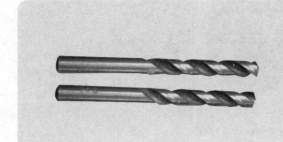
图 2-26　麻花钻头

图 2-27　在冲击电钻上安装麻花钻头

(a) 在木头上钻孔

(b) 在塑料上钻孔

(c) 在金属上钻孔

图 2-28　用麻花钻头在木头、塑料和金属上钻孔

⑤ 用三角钻头在瓷砖上钻孔　三角钻头的外形如图 2-29 所示，三角头适合对陶瓷、玻璃、人造大理石等脆硬材料钻孔，其钻出来的孔洞边缘整齐不毛边，瓷砖边缘钻孔不崩边。用三角钻头在瓷砖上钻孔如图 2-30 所示。

⑥ 用电钻切割打磨物体　如果给电钻安装了切割打磨配件，就可以对物体进行切割打磨。电钻常用的切割打磨配件如图 2-31 所示，其中包含有金属切割片、陶瓷切割片、木材

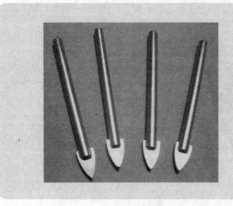

图 2-29 三角钻头

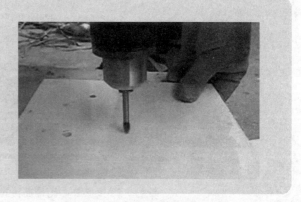

图 2-30 用三角钻头在瓷砖上钻孔

切割片、石材切割片、金属抛光片和连接件等。用电钻切割打磨物体如图 2-32 所示。

图 2-31 电钻常用的切割打磨配件

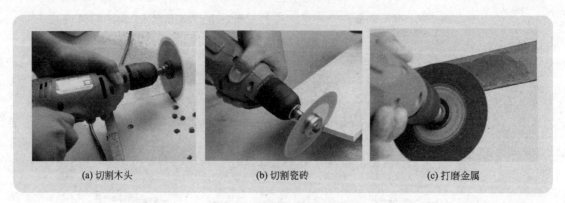

(a) 切割木头 　　　　(b) 切割瓷砖 　　　　(c) 打磨金属

图 2-32 用电钻切割打磨物体

⑦ 用开孔器钻大孔　用普通的钻头可以钻孔，但钻出的孔径比较小，如果希望在铝合金、薄钢板、木制品上开大孔，可以给电钻安装开孔器。开孔器如图 2-33 所示，用开孔器在木材上开大孔如图 2-34 所示。

2.2.2　电锤

电锤与冲击电钻一样，也是一种打孔工具。电锤是在电钻的基础上，增加了一个由电动机带动有曲轴连杆的活塞，在一个气缸内往复压缩空气，使气缸内空气压力呈周期变化，变化的空气压力带动气缸中的击锤往复打击钻头的顶部，好像用锤子快速连续敲击旋转的钻头。

图 2-33 开孔器

图 2-34 用开孔器在木材上开大孔

冲击电钻工作在冲击状态时，只有微小的振动，故只能在砖墙或水泥墙面上打孔。电锤的转速较慢，但冲击量很大，可以在坚硬的墙面、混凝土和石材上打孔，电锤的钻头较长，最大直径可达 26mm，常用来打穿墙孔，电锤打孔时振动较大，一定要拿稳，用力压紧，防止把孔打偏。

（1）外形

电锤外形如图 2-35 所示。

图 2-35 电锤的外形

（2）外部结构

电锤的外部结构如图 2-36 所示，该电锤具有电钻、电锤和电镐三种功能。

（3）使用

这里介绍一种具有电钻、电锤和电镐三种功能的电锤的使用。

① 电锤功能的使用 在使用电锤的"电锤（又锤又转）"功能时，将电锤钻头安装在钻头夹上，并将电锤的功能开关旋至"电锤"挡，如图 2-37 所示，然后就可以在墙壁、石材或混凝土上钻孔。

② 电钻功能的使用 在使用电锤的"电钻（只转不锤）"功能时，需要先安装转换夹，再在转换夹内安装普通的钻头，并将电锤的功能开关旋至"电钻"挡，如图 2-38 所示，然后就可以在塑料、瓷砖、木材和金属等材料上钻孔。

③ 电镐功能的使用 在使用电锤的"电镐（只锤不转）"功能时，将尖凿、扁凿或 U 形凿（如图 2-39 所示）安装在钻头夹上，并将电锤的功能开关旋至"电镐"挡，如图 2-40 所示。在使用电锤的"电镐"功能时，电锤相当于一个自动锤击的钢凿，利用它可以在砖墙上凿出沟槽，然后就可以在槽内铺设水电管道，电锤配合切割机也可以在混凝土上开槽。

（4）电锤与冲击电钻的特点、用途和区别

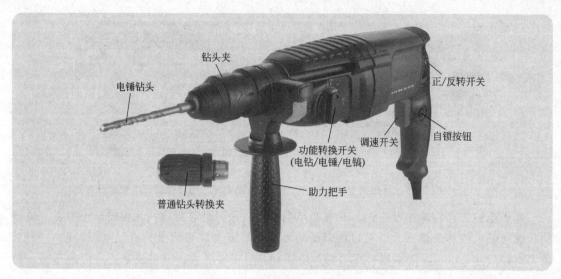

图 2-36　电锤的各部分名称

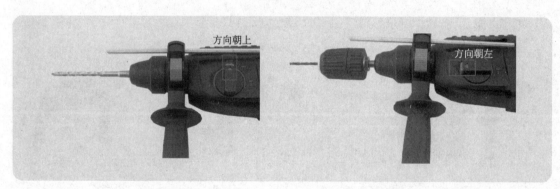

图 2-37　使用电锤的"电锤"功能　　　　图 2-38　使用电锤的"电钻"功能

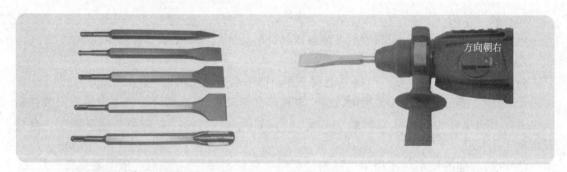

图 2-39　电镐用的各种钢凿　　　　图 2-40　使用电锤的"电镐"功能

　　电锤的特点主要有：冲击力巨大，可以打任何类型的墙，性能稳定，适合专业打墙或房子整体装修使用，可长时间打高硬度的混凝土，可打孔穿墙，电锤整体比较重，虽然有平钻功能，但平钻精度不如冲击电钻。

　　冲击电钻的特点主要有：体积小、重量轻、功能多，平钻功能比电锤精度高，适合家用工作量不大的场合，但冲击力小，在高硬度混凝土上钻孔比较慢。

　　电锤与冲击电钻的用途和区别见表 2-1。

表2-1 电锤与冲击电钻的用途和区别

	冲击电钻	电锤
适用人群	家庭、装修工人	专业钻孔施工人员
工作量	少量、小直径、多用途、多材质	大量、大直径、专业混凝土钻孔
适用材质	木材、塑料、金属、陶瓷、纸张、大理石砖墙、小直径混凝土、非承重墙的钻孔,自攻螺钉的扭紧与松开	混凝土大直径深孔、承重墙、高硬度混凝土钻孔,另配转换夹头可当电钻使用(精度不高)
工作范围	12毫米以下非混凝土墙钻孔(冲击),安装8毫米以下膨胀螺钉;13毫米以下薄金属、木材、塑料等钻孔(平钻),配合开孔器还可开孔	38毫米以下混凝土钻孔、可穿墙,适合专业混凝土打孔、房屋整体装修
机械结构	依靠齿轮的凹凸结构产生前后运动进而产生冲击力,冲击力较小、效率低	依靠气缸活塞压缩产生冲击力,冲击力大、扭矩大、效率高

2.2.3 云石切割机

（1）外形

云石切割机简称云石机,是一种用来切割石材、瓷砖、砖瓦等硬质材料的工具,其外形如图2-41所示。

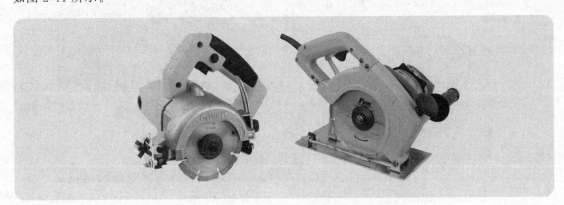

图2-41 云石切割机

（2）外部结构

云石切割机外部各部分名称如图2-42所示。

（3）使用

① 切割石材 在使用云石切割机切割石材（大理石、花岗岩和瓷砖等）时,需要给它安装石材切割片,如图2-43所示。用云石切割机切割石材如图2-44所示。

② 切割木材 在使用云石切割机切割木材时,需要给它安装木材切割片,如图2-45所示。用云石切割机切割木材如图2-46所示。

③ 开槽 为了在墙面内敷设线管、安装接线盒和配电箱,家装电工需要在墙面上开槽,开槽常使用云石切割机。

在开槽时,先在开槽位置用粉笔把开槽宽度以及边线确定下来,然后用云石切割机在开槽位置的边线进行切割,注意要切得深度一致、边缘整齐,最后用冲击电钻或电锤沿着云石切割机切割的宽度及深度把槽内的砖、水泥剔掉,如果要开的槽沟不宽,可不用冲击电钻或电锤,只需用切割机在槽内多次反复切割即可。

用云石切割机开槽如图2-47所示,在切割时,切割片与墙壁摩擦会有大量的热量产生,

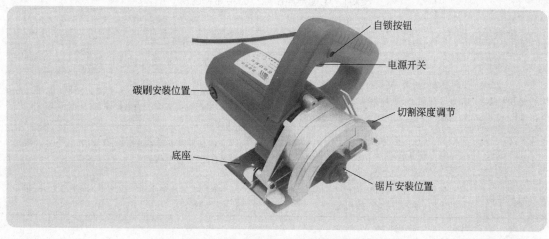

自锁按钮

电源开关

碳刷安装位置

切割深度调节

底座

锯片安装位置

图 2-42　云石切割机外部各部分名称

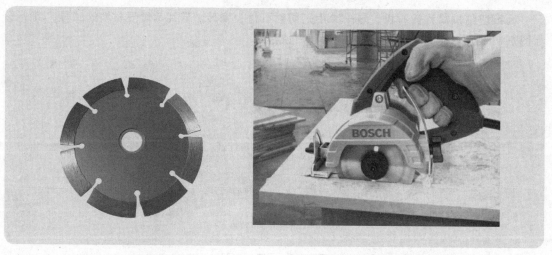

图 2-43　石材切割片　　　　　图 2-44　用云石切割机切割石材

图 2-45　木材切割片　　　　　图 2-46　用云石切割机切割木材

因此在切割时要用水淋在切割位置，这样既可以给切割片降温，还能减少切割时产生的灰尘，在开槽时如果遇上钢筋，不要切断钢筋，而要将钢筋往内打弯，如图2-48所示。

图2-47 用云石切割机开槽　　　　图2-48 打弯槽沟内的钢筋

2.3 常用测试工具及使用

2.3.1 氖管式测电笔

测电笔又称试电笔、验电笔和低压验电器等，用来检验导线、电器和电气设备的金属外壳是否带电。氖管式测电笔是一种最常用的测电笔，测试时根据内部的氖管是否发光来确定被带体是否带电。

（1）外形、结构与工作原理

① 外形与结构　测电笔主要有笔式和螺丝刀式两种形式，其外形与结构如图2-49所示。

② 工作原理　在检验带电体是否带电时，将测电笔探头接触带电体，手接触测电笔的金属笔挂（或金属端盖），如果带电体的电压达到一定值（交流或直流60V以上），带电体的电压通过测电笔的探头、电阻到达氖管，氖管发出红光，通过氖管的微弱电流再经弹簧、金属笔挂（或金属端盖）、人体到达大地。

在握持测电笔验电时，手一定要接触测电笔尾端的金属笔挂（或金属端盖），测电笔的正确握持方法如图2-50所示，以让测电笔通过人体到大地形成电流回路，否则测电笔氖管不亮。普通测电笔可以检验60～500V的电压，在该范围内，电压越高，测电笔氖管越亮，低于60V，氖管不亮，为了安全起见，不要用普通测电笔检测高于500V的电压。

（2）用途

在使用测电笔前，应先检查一下测电笔是否正常，即用测电笔测量带电线路，如果氖管能正常发光，表明测电笔正常。

测电笔的主要用途如下。

① 判断电压的有无。在测试被测物时，如果测电笔氖管亮，表示被测物有电压存在，且电压不低于60V。用测电笔测试电动机、变压器、电动工具、洗衣机和电冰箱等电气设备的金属外壳时，如果氖管发光，说明该设备的外壳已带电（电源相线与外壳之间出现短路或

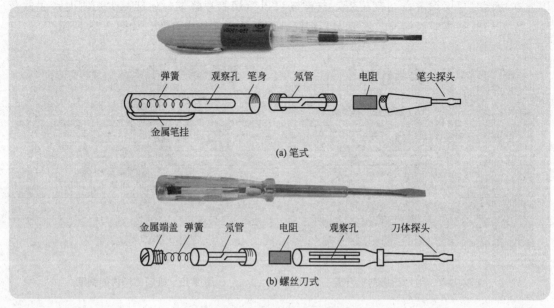

弹簧　观察孔　笔身　氖管　电阻　笔尖探头

金属笔挂

(a) 笔式

金属端盖　弹簧　氖管　电阻　观察孔　刀体探头

(b) 螺丝刀式

图 2-49　测电笔的外形与结构

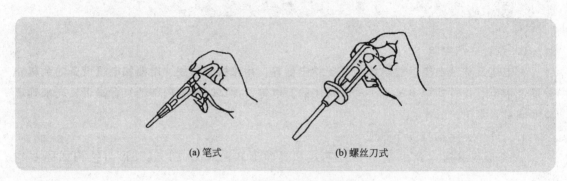

(a) 笔式　　　　　　　　(b) 螺丝刀式

图 2-50　测电笔的正确握持方法

漏电）。

②**判断电压的高低**。在测试时，被测电压越高，氖管发出的发线越亮，有经验的人可以根据光线强弱判断出大致的电压范围。

③**判断相线（火线）和零线（地线）**。测电笔测相线时氖管会亮，而测零线时氖管不亮。

④**判断交流电和直流电**。在用测电笔测试带电体时，如果氖管的两个电极同时发光，说明所测为交流电，如果氖管的两个电极中只有一个电极发光，则所测为直流电。

⑤**判断直流电的正、负极**。将测电笔连接在直流电的正负极之间，如图 2-51 所示，即测电笔的探头接直流电的一个极，金属笔挂接一个极，氖管发光的一端则为直流电的负极。

2.3.2　数显式测电笔

数显式测电笔又称感应式测电笔，它不但可以测试物体是否带电，还能显示出大致的电压范围，另外有些数显测电笔可以检验出绝缘导线断线位置。

（1）外形

数显式测电笔的外形与各部分名称如图 2-52 所示，如图 2-52（b）所示的测电笔上标有

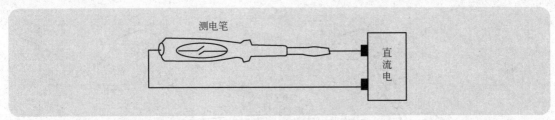

图 2-51　用测电笔判断直流电的正、负极

"12-240V AC.DC"，表示该测电笔可以测量 12～240V 的交流或直流电压，测电笔上的两个按键均为金属材料，测量时手应按住按键不放，以形成电流回路，通常直接测量按键距离显示屏较远，而感应测量按键距离显示屏更近。

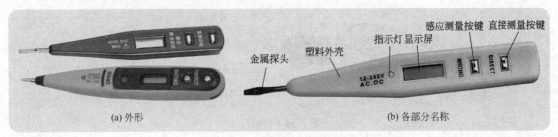

图 2-52　数显式测电笔

（2）使用

① 直接测量法　**直接测量法是指将测电笔的探头直接接触被测物来判断是否带电的测量方法。**

在使用直接测量法时，将测电笔的金属探头接触被测物，同时手按住直接测量按键（DIRECT）不放，如果被测物带电，测电笔上的指示灯会变亮，同时显示屏显示所测电压的大致值，一些测电笔可显示 12V、36V、55V、110V 和 220V 五段电压值，显示屏最后的显示数值为所测电压值（未至高端显示值的 70% 时，显示低端值），比如测电笔的最后显示值为 110V，实际电压可能在 77～154V。

② 感应测量法　**感应测量法是指将测电笔的探头接近但不接触被测物，利用电压感应来判断被测物是否带电的测量方法。**在使用感应测量法时，将测电笔的金属探头靠近但不接触被测物，同时手按住感应测量按键（INDUCTANCE），如果被测物带电，测电笔上的指示灯会变亮，同时显示屏有高压符号显示。

感应测量法非常适合判断绝缘导线内部断线位置。在测试时，手按住测电笔的感应测量按键，将测电笔的探头接触导线绝缘层，如果指示灯亮，表示当前位置的内部芯线带电，如图 2-53（a）所示，然后保持探头接触导线的绝缘层，并往远离供电端的方向移动，当指示灯突然熄灭、高压符号消失，表明当前位置存在断线，如图 2-53（b）所示。

感应测量法可以找出绝缘导线的断线位置，也可以对绝缘导线的进行相、零线判断，还可以检查微波炉辐射及泄漏情况。

2.3.3　校验灯

（1）制作

校验灯是用灯泡连接两根导线制作而成的，校验灯的制作如图 2-54 所示，校验灯使用额定电压为 220V、功率在 15～200W 的灯泡，导线用单芯线，并将芯线的头部弯折成钩状，既可以碰触线路，也可以钩住线路。

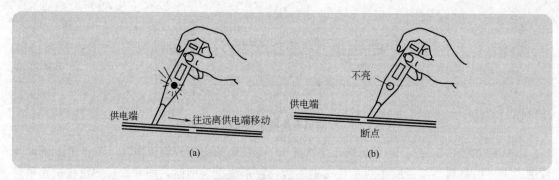

图 2-53 利用感应测量法找出绝缘导线的断线位置

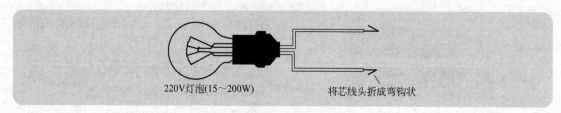

图 2-54 校验灯

（2）使用举例

① 举例一 校验灯的使用如图 2-55 所示。在使用校验灯时，断开相线上的熔断器，将校验灯串在熔断器位置，并将支路的 S_1、S_2、S_3 开关都断开，可能会出现以下情况。

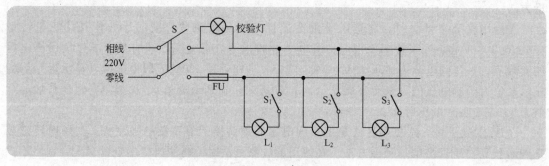

图 2-55 校验灯使用举例一

a. 校验灯不亮，说明校验灯之后的线路无短路故障。

b. 校验灯很亮（亮度与直接接在 220V 电压一样），说明校验灯之后的线路出现相线与零线短路，校验灯两端有 220V 电压。

c. 校验灯不亮，如果将某支路的开关闭合（如闭合 S_1），校验灯会亮，但亮度较暗，说明该支路正常，校验灯亮度暗是因为校验灯与该支路的灯泡串联起来接在 220V 之间，校验灯两端的电压低于 220V。

d. 校验灯不亮，如果将某支路的开关闭合（如闭合 S_1），如果校验灯很亮，说明该支路出现短路（灯泡 L_1 短路），校验灯两端有 220V 电压。

当校验灯与其他电路串联时，其他电路功率越大，该电路的等效电阻会越小，校验灯两端的电压越高，灯泡会亮一些，比如校验灯分别与 100W 和 200W 的灯泡串联，在与 200W 灯泡串联时校验灯会更亮一些。

② 举例二　校验灯还可以按如图 2-56 所示方法使用，如果开关 S_3 置于接通位置时灯泡 L_3 不亮，可能是开关 S_3 或灯泡 L_3 开路，为了判断到底是哪一个损坏，可将 S_3 置于接通位置，然后将校验灯并接在 S_3 两端，如果校验灯和灯泡 L_3 都亮，则说明开关 S_3 已开路，如果校验灯不亮，则为灯泡 L_3 开路损坏。

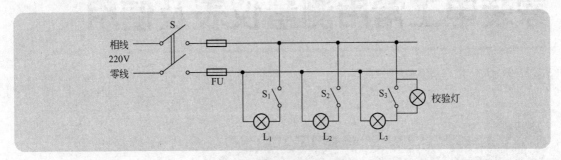

图 2-56　校验灯使用举例二

第 **3** 章
家装电工常用测量仪表及使用

3.1 指针万用表的使用

指针万用表是一种广泛使用的电子测量仪表，它由一只灵敏很高的直流电流表（微安表）作表头，再加上挡位选择开关和相关电路组成。指针万用表可以测量电压、电流、电阻，还可以测量电子元器件的好坏。指针万用表种类很多，使用方法大同小异，本节以MF-47 型万用表为例进行介绍。

3.1.1 面板介绍

MF-47 型万用表的面板如图 3-1 所示。从面板上可以看出，**指针万用表面板主要由刻度盘、挡位选择开关、旋钮和插孔构成。**

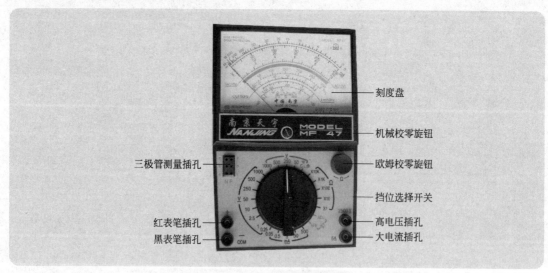

图 3-1 MF-47 型万用表的面板

（1）刻度盘

刻度盘用来指示被测量值的大小，它由 1 根表针和 7 条刻度线组成。刻度盘如图 3-2 所示。

第 1 条标有"Ω"字样的为欧姆刻度线。在测量电阻阻值时查看该刻度线。这条刻度线最右端刻度表示的阻值最小，为 0，最左端刻度表示阻值最大，为∞（无穷大）。在未测量时表针指在左端无穷处。

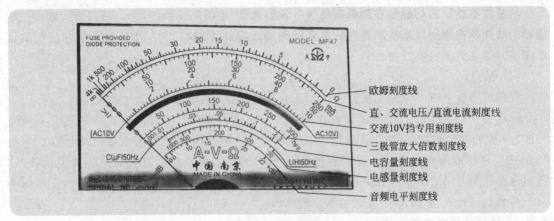

图3-2　刻度盘

第2条标有"V"（左方）和"mA"（右方）字样的为直、交流电压/直流电流刻度线。在测量直流电压、电流和交流电压时都查看这条刻度线。该刻度线最左端刻度表示最小值，最右端刻度表示最大值，在该刻度线下方标有三组数，它们的最大值分别是250、50和10，当选择不同挡位时，要将刻度线的最大刻度看作该挡位最大量程数值（其他刻度也要相应变化）。如挡位选择开关置于"50V"挡测量时，表针若指在第2刻度线最大刻度处，表示此时测量的电压值为50V（而不是10V或250V）。

第3条标有"AC10V"字样的为交流10V挡专用刻度线。在挡位开关置于交流10V挡测量时查看该刻度线。

第4条标有"hFE"字样的为三极管放大倍数刻度线。在测量三极管放大倍数时查看这条刻度线。

第5条标有"C（μF）"字样的为电容量刻度线。在测量电容容量时查看这条刻度线。

第6条标有"L（H）"字样的为电感量刻度线。在测量电感的电感量时查看该刻度线。

第7条标有"dB"字样的为音频电平刻度线。在测量音频信号电平时查看这条刻度线。

（2）挡位选择开关

挡位选择开关的功能是选择不同的测量挡位。挡位选择开关如图3-3所示。

（3）旋钮

万用表面板上有2个旋钮：机械校零旋钮和欧姆校零旋钮，如图3-1所示。

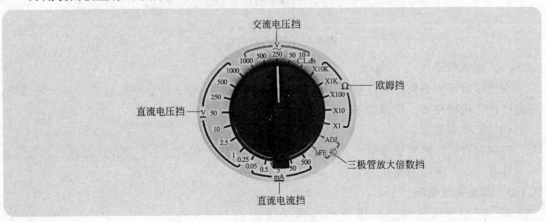

图3-3　挡位选择开关

机械校零旋钮的功能是在测量前将表针调到电压/电流刻度线的"0"刻度处。欧姆校零旋钮的功能是在使用欧姆挡测量时，将表针调到欧姆刻度线的"0"刻度处。两个旋钮的详细调节方法在后面将会介绍。

（4）插孔

万用表面板上有 4 个独立插孔和一个 6 孔组合插孔，如图 3-1 所示。

标有"＋"字样的为红表笔插孔；标有"－（或 COM）"字样的为黑表笔插孔；标有"5A"字样的为大电流插孔，当测量 500mA～5A 的电流时，红表笔应插入该插孔；标有"2500V"字样的为高电压插孔，当测量 1000～2500V 的电压时，红表笔应插入此插孔。6孔组合插孔为三极管测量插孔，标有"N"字样的 3 个孔为 NPN 三极管的测量插孔，标有"P"字样的 3 个孔为 PNP 三极管的测量插孔。

3.1.2　使用前的准备工作

指针万用表在使用前，需要安装电池、机械校零和安插表笔。

（1）安装电池

在使用万用表前，需要给万用表安装电池，若不安装电池，欧姆挡和三极管放大倍数挡将无法使用，但电压、电流挡仍可使用。MF-47 型万用表需要 9V 和 1.5V 两个电池，其中9V 电池供给 $R \times 10k\Omega$ 使用，1.5V 电池供给 $R \times 10k\Omega$ 挡以外的欧姆挡和三极管放大倍数测量挡使用。

万用表的电池安装如图 3-4 所示。安装电池时，一定要注意电池的极性不能装错。

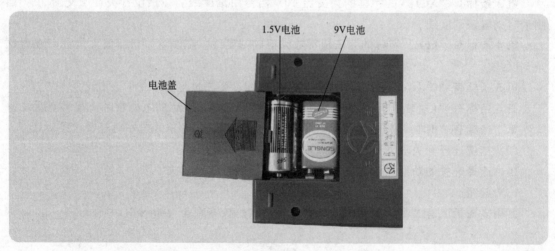

图 3-4　万用表的电池安装

（2）机械校零

在出厂时，大多数厂家已对万用表进行了机械校零，对于某些原因造成表针未校零时，可自己进行机械校零。机械校零过程如图 3-5 所示。

（3）安插表笔

万用表有红、黑两根表笔，在测量时，红表笔要插入标有"＋"字样的插孔，黑表笔要插入标有"－"字样的插孔。

3.1.3　测量直流电压

MF-47 型万用表的直流电压挡具体又分为 0.25V、1V、2.5V、10V、50V、250V、500V、1000V 和 2500V 挡。

图 3-5　机械校零

下面通过测量一节电池的电压值来说明直流电压的测量操作，测量如图 3-6 所示，具体过程如下所述。

第一步：选择挡位。测量前先大致估计被测电压可能有的最大值，再根据挡位应高于且最接近被测电压的原则选择挡位，若无法估计，可先选最高挡测量，再根据大致测量值重新选取合适低挡位测量。一节充电电池的电压一般低于 1.5V 但大于 1V，根据挡位应高于且最接近被测电压原则，选择 2.5V 挡最为合适。

第二步：红、黑表笔接被测电压。红表笔接被测电压的高电位处（即电池的正极），黑

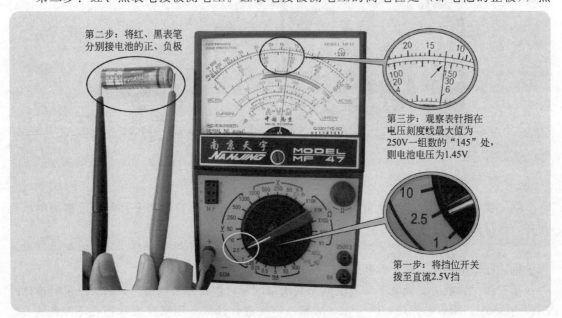

图 3-6　直流电压的测量

表笔接被测电压的低电位处（即电池的负极）。

第三步：读数。在刻度盘上找到旁边标有"V"字样的刻度线（即第2条刻度线），该刻度线有最大值分别是250、50、10的三组数对应，因为测量时选择的挡位为2.5V，所以选择最大值为250的那一组数进行读数，但需将250看成2.5，该组其他数值作相应的变化。现观察表针指在接近150的位置，约为145，那么被测电池的直流电压大小约为1.45V。

补充说明。

① 如果测量1000～2500V的电压时，挡位选择开关置于1000V挡位，红表笔要插在2500V专用插孔中，黑表笔仍插在"－"插孔中，读数时选择最大值为250的那一组数。

② 直流电压0.25V挡与直流电流0.05mA挡是共用的，在测直流电压时选择该挡可以测量0～0.25V的电压，读数时选择最大值为250的那一组数，在测直流电流时选择该挡可以测量0～0.05mA的电流，读数时选择最大值为50的那一组数。

3.1.4 测量交流电压

MF-47型万用表的交流电压挡具体又分为10V、50V、250V、500V、1000V和2500V挡。

下面通过测量市电电压的大小来说明交流电压的测量操作，测量如图3-7所示，具体过程如下所述。

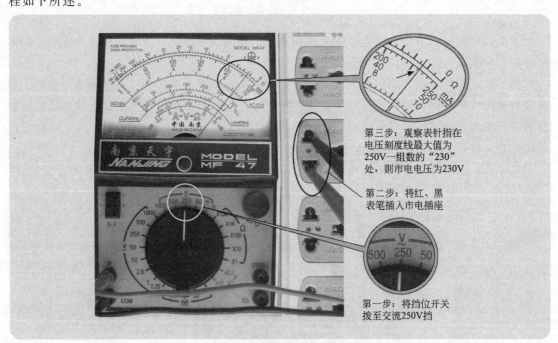

图3-7 交流电压的测量

第一步：选择挡位。市电电压一般在220V左右，根据挡位应高于且最接近被测电压的原则，选择250V挡最为合适。

第二步：红、黑表笔接被测电压。由于交流电压无正、负极性之分，故红、黑表笔可随意分别插在市电插座的两个插孔中。

第三步：读数。交流电压与直流电压共用刻度线，读数方法也相同。因为测量时选择的挡位为250V，所以选择最大值为250的那一组数进行读数。现观察表针指在刻度线为230的位置，那么被测市电电压的大小为230V。

注意：在选用 10V 交流挡测量时，需要查看标有 "AC10V" 字样的刻度线。

3.1.5 测量直流电流

MF-47 型万用表的直流电流挡具体又分为 0.05mA、0.5mA、5mA、50mA、500mA 和 5A 挡。

下面以测量如图 3-8(a) 所示电路中流过灯泡的电流大小为例来说明直流电流的测量操作，其测量等效图如图 3-8(b) 所示。测量流过灯泡的电流的具体过程如下所述。

第一步：选择挡位。灯泡工作电流较大，这里选择直流 500mA 挡。

第二步：断开电路，将万用表红、黑表笔串接在电路的断开处，红表笔接断开处的高电位端，黑表笔接断口处的另一端。

第三步：读数。直流电流与直流电压共用刻度线，读数方法也相同。因为测量时选择的挡位为 500mA 挡，所以选择最大值为 50 的那一组数进行读数。现观察表针指在刻度线接近 40 的位置，约 39.5，那么流过灯泡的电流为 395mA。

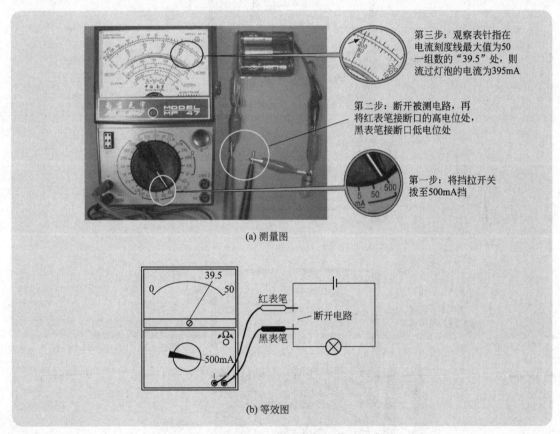

(a) 测量图

第三步：观察表针指在电流刻度线最大值为50一组数的"39.5"处，则流过灯泡的电流为395mA

第二步：断开被测电路，再将红表笔接断口的高电位处，黑表笔接断口低电位处

第一步：将挡拉开关拨至500mA挡

(b) 等效图

图 3-8　直流电流的测量

如果流过灯泡的电流大于 500mA，可将红表笔插入 5A 插孔，挡位仍置于 500mA 挡。

注意：测量电路的电流时，一定要断开电路，并将万用表串接在电路断开处，这样电路中的电流才能流过万用表，万用表才能指示被测电流的大小。

3.1.6 测量电阻

测量电阻的阻值时需要选择欧姆挡。MF-47 型万用表的欧姆挡具体又分为 ×1Ω、×10Ω、×100Ω、×1kΩ 和 ×10kΩ 挡。

下面通过测量一只电阻的阻值大小来说明欧姆挡的使用，测量如图 3-9 所示，具体过程说明如下所述。

第一步：选择挡位。测量前先估计被测电阻的阻值大小，选择合适的挡位。挡位选择的原则是：在测量时尽可能让表针指在欧姆刻度线的中央位置，因为表针指在刻度线中央时的测量值最准确，若不能估计电阻的阻值，可先选高挡位测量，如果发现阻值偏小时，再换成合适的低挡位重新测量。现估计被测电阻阻值为几百至几千欧，选择挡位×100Ω 较为合适。

第二、三步：欧姆校零。挡位选好后要进行欧姆校零，欧姆校零过程如图 3-9(a) 所示。先将红、黑表笔短接，观察表针是否指到欧姆刻度线（即第 1 条刻度线）的"0"处，若表针没有指在"0"处，可调节欧姆校零旋钮，直到将表针调到"0"处为止，如果无法将表针

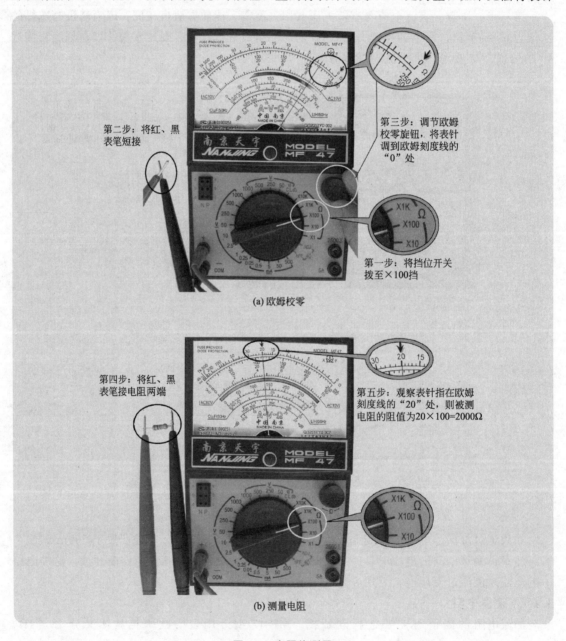

(a) 欧姆校零

第二步：将红、黑表笔短接

第三步：调节欧姆校零旋钮，将表针调到欧姆刻度线的"0"处

第一步：将挡位开关拨至×100挡

第四步：将红、黑表笔接电阻两端

第五步：观察表针指在欧姆刻度线的"20"处，则被测电阻的阻值为20×100=2000Ω

(b) 测量电阻

图 3-9　电阻的测量

调到"0"处，一般为万用表内部电池用旧所致，需要更换新电池。

第四步：红、黑表笔接被测电阻。电阻没有正、负之分，红、黑表笔可随意接在被测电阻两端。

第五步：读数。读数时查看欧姆刻度线，观察表针所指的数值，然后将该数值与挡位数相乘，得到的结果就是该电阻的阻值。在图3-9(b)中，万用表表针指在数值"20"处，选择挡位为×100Ω，则被测电阻的阻值为20×100Ω＝2kΩ。

3.1.7　万用表使用注意事项

万用表使用时要按正确的方法进行操作，否则会使测量值不准确，重则会烧坏万用表，甚至会触电危害人身安全。

万用表使用注意事项

万用表使用时要注意以下事项。

① 测量时不要选错挡位，特别是不能用电流或电阻挡来测电压，这样极易烧坏万用表。万用表不用时，可将挡位置于交流电压最高挡（如1000V挡）。

② 测量直流电压或直流电流时，要将红表笔接电源或电路的高电位，黑表笔接低电位，若表笔接错会使表针反偏，这时应马上互换红、黑表笔位置。

③ 若不能估计被测电压、电流或电阻的大小，应先用最高挡，如果高挡位测量值偏小，可根据测量值大小选择相应的低挡位重新测量。

④ 测量时，手不要接触表笔金属部位，以免触电或影响测量精确度。

⑤ 测量电阻阻值和三极管放大倍数时要进行欧姆校零，如果旋钮无法将表针调到欧姆刻度线的"0"处，一般为万用表内部电池用旧，可更换新电池。

3.2　数字万用表

数字万用表与指针万用表相比，**具有测量准确度高、测量速度快、输入阻抗大、过载能力强和功能多等优点**，所以它与指针万用表一样，在电工电子技术测量方面得到广泛的应用。数字万用表的种类很多，但使用基本相同，下面以广泛使用且价格便宜的DT-830B型数字万用表为例来说明数字万用表的使用。

3.2.1　面板介绍

数字万用表的面板上主要有液晶显示屏、挡位选择开关和各种插孔。DT-830B型数字万用表面板如图3-10所示。

（1）液晶显示屏

液晶显示屏用来显示被测量的数值，它可以显示4位数字，但最高位只能显示到1，其他位可显示0～9。

（2）挡位选择开关

挡位选择开关的功能是选择不同的测量挡位，它包括直流电压挡、交流电压挡、直流电流挡、欧姆挡、二极管测量挡和三极管放大倍数测量挡。

（3）插孔

数字万用表的面板上有3个独立插孔和1个6孔组合插孔。标有"COM"字样的为黑

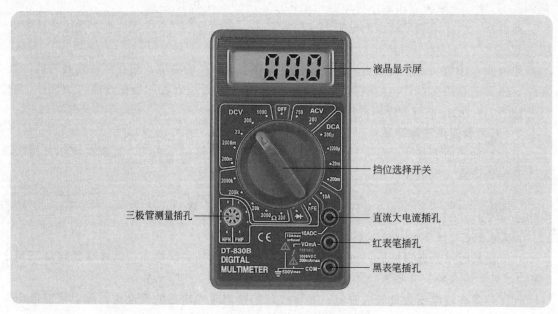

图 3-10　DT-830B 型数字万用表的面板

表笔插孔，标有"VΩmA"为红表笔插孔，标有"10ADC"为直流大电流插孔，在测量 200mA～10A 的直流电流时，红表笔要插入该插孔。6 孔组合插孔为三极管测量插孔。

3.2.2　测量直流电压

DT-830B 型数字万用表的直流电压挡具体又分为 200mV 挡、2000mV 挡、20V 挡、200V 挡、1000V 挡。

下面通过测量一节电池的电压值来说明直流电压的测量，测量如图 3-11 所示，具体过程说明如下所述。

第一步：选择挡位。一节电池的电压通常在 1.5V 左右，根据挡位应高于且最接近被测电压原则，选择 20V 挡较为合适。

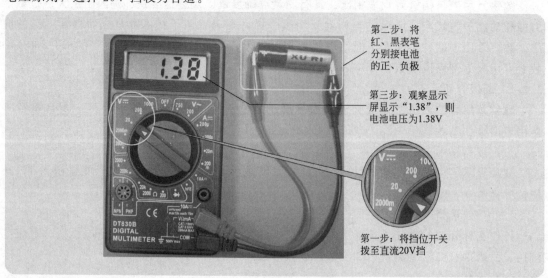

图 3-11　直流电压的测量

第二步：红、黑表笔接被测电压。红表笔接被测电压的高电位处（即电池的正极），黑表笔接被测电压的低电位处（即电池的负极）。

第三步：在显示屏上读数。现观察显示屏显示的数值为1.38，则被测电池的直流电压为1.38V。若显示屏显示的数字不断变化，可选择其中较稳定的数字作为测量值。

3.2.3　测量交流电压

DT-830B型数字万用表的交流电压挡具体又分为200V挡和750V挡。

下面通过测量市电的电压值来说明交流电压的测量，测量如图3-12所示，具体过程如下所述。

第一步：选择挡位。市电电压通常在220V左右，根据挡位应高于且最接近被测电压原则，选择750V挡最为合适。

第二步：红、黑表笔接被测电压。由于交流电压无正、负极之分，故红、黑表笔可随意分别插入市电插座的两个插孔中。

第三步：在显示屏上读数。现观察显示屏显示的数值为231，则市电的电压值为231V。

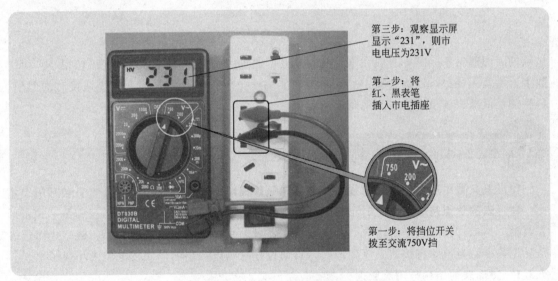

图3-12　交流电压的测量

3.2.4　测量电阻

万用表测电阻时采用欧姆挡，DT-830B型万用表的欧姆挡具体又分为200Ω挡、2000Ω挡、20kΩ挡、200kΩ挡和2000kΩ挡。

下面通过测量一个电阻的阻值来说明欧姆挡的使用，测量如图3-13所示，具体过程说明如下所述。

第一步：选择挡位。估计被测电阻的阻值不会大于1kΩ，根据挡位应高于且最接近被测电阻的阻值原则，选择2000Ω挡最为合适。若无法估计电阻的大致阻值，可先用最高挡测量，若发现偏小，再根据显示的阻值更换合适低挡位重新测量。

第二步：红、黑表笔接被测电阻两个引脚。

第三步：在显示屏上读数。现观察显示屏显示的数值为992，则被测电阻的阻值为992Ω。

注意：数字万用表在使用低欧姆挡（200Ω挡）测量时，将两根表笔短接，发现显示屏

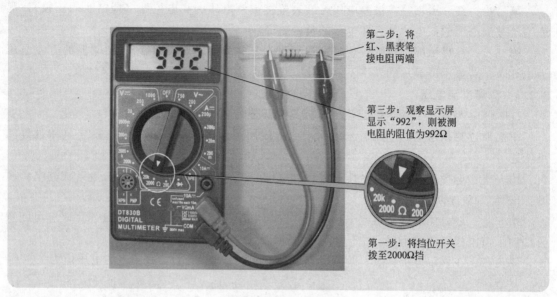

第二步：将红、黑表笔接电阻两端

第三步：观察显示屏显示"992"，则被测电阻的阻值为992Ω

第一步：将挡位开关拨至2000Ω挡

图 3-13　电阻的测量

显示的阻值通常不为零，一般在零点几欧至几欧之间，性能好的数字万用表该值很小。由于数字万用表无法进行欧姆校零，如果对测量准确度要求很高，可先记下表笔短接时的阻值，再将测量值减去该值即为被测电阻的实际值。

3.3　钳形表

钳形表又称钳形电流表，它是一种测量电气线路电流大小的仪表。与电流表和万用表相比，钳形表的优点是在测电流时不需要断开电路。钳形表可分为指针式钳形表和数字式钳形表两类，指针式钳形表是利用内部电流表的指针摆动来指示被测电流的大小；数字式钳形表是利用数字测量电路将被测电流处理后，再通过显示器以数字的形式将电流大小显示出来。

3.3.1　钳形表的结构与测量原理

钳形表有指针式和数字式之分，这里以指针式为例来说明钳形表的结构与工作原理。指针式钳形表的结构如图 3-14 所示。从图中可以看出，指针式钳形表主要由铁芯、线圈、电流表、量程旋钮和扳手等组成。

在使用钳形表时，按下扳手，铁芯开口张开，从开口处将导线放入铁芯中央，再松开扳手，铁芯开口闭合。当有电流流过导线时，导线周围会产生磁场，磁场的磁力线沿铁芯穿过线圈，线圈立即产生电流，该电流经内部一些元器件后流进电流表，电流表表针摆动，指示电流的大小。流过导线的电流越大，导线产生的磁场越大，穿过线圈的磁力线越多，线圈产生的电流就越大，流进电流表的电流就越大，表针摆动幅度越大，则指示的电流值越大。

3.3.2　指针式钳形表

（1）实物外形

早期的钳形表仅能测电流，而现在常用的钳形表大多数已将钳形表和万用表结合起来，不但可以测电流，还能测电压和电阻，如图 3-15 所示的钳形表都具有这些功能。

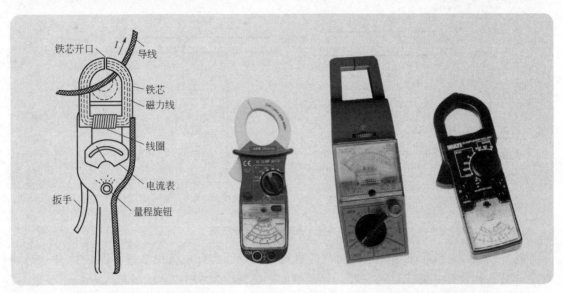

图 3-14　指针式钳形表的结构　　　图 3-15　一些常见的指针式钳形表

（2）使用方法

① 准备工作　在使用钳形表测量前，要做好以下准备工作。

a. 安装电池。早期的钳形表仅能测电流，不需安装电池，而现在的钳形表不但能测电流、电压，还能测电阻，因此要求表内安装电池。安装电池时，打开电池盖，将大小和电压值符合要求的电池装入钳形表的电池盒，安装时要注意电池的极性与电池盒标注相同。

b. 机械校零。将钳形表平放在桌面上，观察表针是否指在电流刻度线的"0"刻度处，若没有，可用螺丝刀调节刻度盘下方的机械校零旋钮，将表针调到"0"刻度处。

c. 安装表笔。如果仅用钳形表测电流，可不安装表笔；如果要测量电压和电阻，则需要给钳形表安装表笔。安装表笔时，红表笔插入标"＋"的插孔，黑表笔插入标"－"或标"COM"的插孔。

② 用钳形表测电流　使用钳形表测电流，一般按以下操作进行。

a. 估计被测电流大小的范围，选取合适的电流挡位。选择的电流挡应大于被测电流，若无法估计电流范围，可先选择大电流挡测量，测得偏小时再选择小电流挡。

b. 钳入被测导线。在测量时，按下钳形表上的扳手，张开铁芯，钳入一根导线，如图3-16（a）所示，表针摆动，指示导线流过的电流大小。

测量时要注意，不能将两根导线同时钳入，如图3-16（b）所示的测量方法是错误的。这是因为两根导线流过的电流大小相等，但方向相反，两根导线产生的磁场方向是相反的，相互抵消，钳形表测出的电流值将为0，如果不为0，则说明两根导线流过的电流不相等，负载存在漏电（一根导线的部分电流经绝缘性能差的物体直接到地，没有全部流到另一根线上），此时钳形表测出值为漏电电流值。

c. 读数。在读数时，观察并记下表针指在"ACA（交流电流）"刻度线的数值，再配合挡位数进行综合读数。例如在如图3-16（a）所示的测量中，表针指在 ACA 刻度线的 3.5处，此时挡位为电流50A挡，读数时要将 ACA 刻度线最大值 5 看成 50，3.5 则为 35，即被测导线流过的电流值为35A。

如果被测导线的电流较小，可以将导线在钳形表的铁芯上绕几圈再测量。如图3-17所

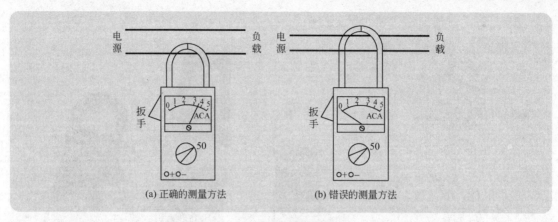

图 3-16　钳形表的测量方法

示，将导线在铁芯绕了 2 圈，这样测出的电流值是导线实际电流的 2 倍，图 3-17 中表针指在 3.5 处，挡位开关置于"5A"挡，导线的实际电流应为 3.5/2＝1.75A。

现在的大多数钳形表可以在不断开电路的情况下测量电流，还能像万用表一样测电压和电阻。钳形表在测电压和电阻时，需要安装表笔，用表笔接触电路或元器件来进行测量，具体测量方法与万用表一样，这里不再叙述。

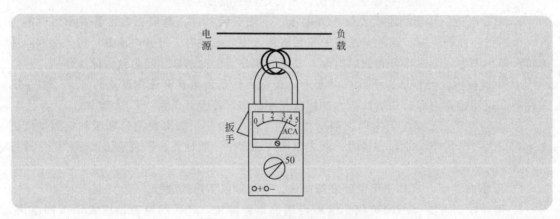

图 3-17　钳形表测量小电流的方法

（3）使用注意事项

在使用钳形表时，为了安全和测量准确，需要注意以下事项。

① 在测量时要估计被测电流大小，选择合适的挡位，不要用低挡位测大电流。若无法估计电流大小，可先选高挡位，如果指针偏转偏小，应选合适的低挡位重新测量。

② 在测量导线电流时，每次只能钳入一根导线，若钳入导线后发现有振动和碰撞声，应重新打开钳口，并开合几次，直至噪声消失为止。

③ 在测大电流后再测小电流时，也需要开合钳口数次，以消除铁芯上的剩磁，以免产生测量误差。

④ 在测量时不要切换量程，以免切换时表内线圈瞬间开路，线圈感应出很高的电压而损坏表内的元器件。

⑤ 在测量一根导线的电流时，应尽量让其他的导线远离钳形表，以免受这些导线产生的磁场影响，而使测量误差增大。

⑥ 在测量裸露线时，需要用绝缘物将其他的导线隔开，以免测量时钳形表开合钳口引起短路。

3.3.3　数字式钳形表

（1）实物外形

图 3-18 列出了一些常见的数字式钳形表，数字式钳形表分为两类：一类只能测电流；另一类将数字万用表和钳形表结合在一起，不但可以测电流，还能测电压、电阻等，图3-18中的第一个钳形表只能测电流，而后面两个钳形表具有万用表的复合功能。

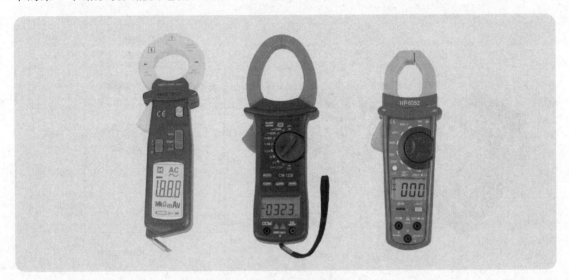

图 3-18　一些常见的数字式钳形表

（2）使用方法

数字式钳形表与指针式钳形表的使用方法基本相同，不同的主要是读数方式。在使用数字式钳形表前，要给它安装合适的电池。没安装电池的钳形表是无法工作的，既不能测电流，也无法测电压和电阻。数字式钳形表的使用方法如下。

① 估计被测电流的大小，选择合适的挡位。选择原则与指针式钳形表相同。

② 测量时钳入一根导线。

③ 直接从显示器上读出电流大小。读数时要注意显示器数值的小数点，数值的单位与所选电流挡的单位应一致，如选择为"～400A"挡，显示器显示的数值为 036.8，那么被测电流的大小应为 36.8A。读数时，若显示器上的数值大小变化，待变化稳定后选中间值读出。

如果使用数字式钳形表测电压和电阻，需要给它安装表笔，用表笔接触被测电路和元器件进行测量。使用数字式钳形表的注意事项与指针式钳形表基本相同，在此不再叙述。

3.4　兆欧表

兆欧表是一种测量绝缘电阻的仪表，由于这种仪表的阻值单位通常为兆欧（MW），所以常称作兆欧表。**兆欧表主要用来测量电气设备和电气线路的绝缘电阻。**兆欧表可以测量绝缘导线的绝缘电阻，判断电气设备是否漏电等。有些万用表也可以测量兆欧级的电阻，但万用表本身提供的电压低，无法测量高压下电气设备的绝缘电阻，如有些设备在低压下绝缘电阻很大，但电压升高，绝缘电阻很小，漏电很严重，容易造成触电事故。

根据工作和显示方式不同，兆欧表通常可分作三类：摇表、指针式兆欧表和数字式兆欧表。

3.4.1 摇表

（1）实物外形

如图 3-19 所示为两种摇表的实物外形。

（2）工作原理

摇表主要由磁电式比率计、手摇发电机和测量电路组成，其工作原理示意图如图 3-20 所示。

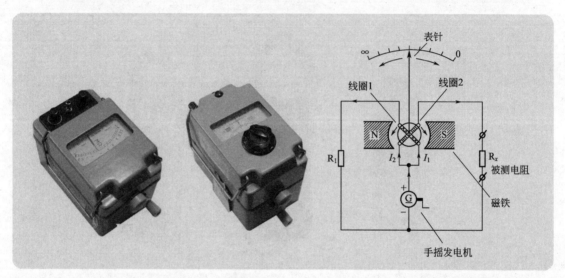

图 3-19 两种常见的摇表　　　　图 3-20 摇表工作原理示意图

在使用摇表测量时，将被测电阻按如图 3-20 所示的方法接好，然后摇动手摇发电机，发电机产生几百至几千伏的高压，并从"＋"端输出电流，电流分作 I_1、I_2 两路，I_1 经线圈 1、R_1 回到发电机的"－"端，I_2 经线圈 2、被测电阻 R_x 回到发电机的"－"端。

线圈 1、线圈 2、表针和磁铁组成磁电式比率计。当线圈 1 流过电流时，会产生磁场，线圈产生的磁场与磁铁的磁场相互作用，线圈 1 逆时针旋转，带动表针往左摆动指向 ∞ 处；当线圈 2 流过电流时，表针会往右摆动指向 0。当线圈 1、2 都有电流流过时（两线圈参数相同），若 $I_1 = I_2$，即 $R_1 = R_x$ 时，表针指在中间；若 $I_1 > I_2$，即 $R_1 < R_x$ 时，表针偏左，指示 R_x 的阻值大；若 $I_1 < I_2$，即 $R_1 > R_x$ 时，表针偏右，指示 R_x 的阻值小。

在摇动发电机时，由于摇动时很难保证发电机匀速转动，所以发电机输出的电压和流出的电流是不稳定的，但因为流过两线圈的电流同时变化，如发电机输出电流小时，流过两线圈的电流都会变小，它们受力的比例仍保持不变，故不会影响测量结果。另外，由于发电机会发出几百至几千伏的高压，它经线圈加到被测物两端，这样测量能真实反映被测物在高压下的绝缘电阻大小。

（3）使用方法

① 使用前的准备工作　摇表在使用前，要做好以下准备工作。

a. 接测量线。摇表有三个接线端：L 端（LINE：线路测试端）、E 端（EARTH：接地端）和 G 端（GUARD：防护屏蔽端）。如图 3-21 所示，在使用前将三根测试线分别接在摇表的这三个接线端上。一般情况下，只需给 L 端和 E 端接测试线，G 端可不使用。

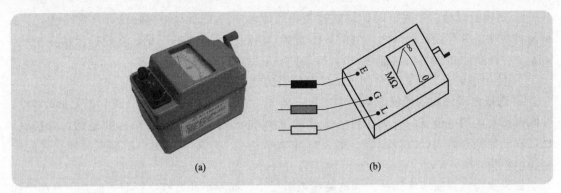

图 3-21 摇表的接线端

b. 进行开路实验。让 L 端、E 端之间开路，然后转动摇表的摇柄，使转速达到额定转速（120r/min 左右），这时表针应指在 "∞" 处，如图 3-22（a）所示。若不能指到该位置，则说明摇表有故障。

c. 进行短路实验。将 L 端、E 端测量线短接，再转动摇表的摇柄，使转速达到额定转速，这时表针应指在 "0" 处，如图 3-22（b）所示。

若开路和短路实验都正常，就可以开始用摇表进行测量了。

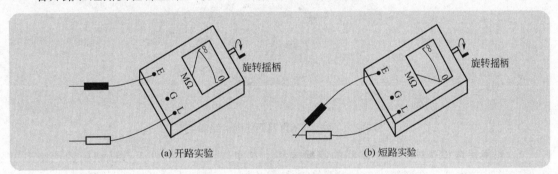

图 3-22 摇表测量前的实验

② 使用方法 使用摇表测量电气设备绝缘电阻，一般按以下步骤进行。

a. 根据被测物额定电压大小来选择相应额定电压的摇表。摇表在测量时，内部发电机会产生电压，但并不是所有的摇表产生的电压都相同，如 ZC25-3 型摇表产生 500V 电压，而 ZC25-4 型摇表能产生 1000V 电压。选择摇表时，要注意其额定电压要较待测电气设备的额定电压高，例如额定电压为 380V 及以下的被测物，可选用额定电压为 500V 的摇表来测量。有关摇表的额定电压大小，可查看摇表上的标注或说明书。一些不同额定电压下的被测物及选用的摇表见表 3-1。

表 3-1 不同额定电压下的被测物及选用的摇表

被 测 物	被测物的额定电压/V	所选兆欧表的额定电压/V
线圈	＜500	500
	≥500	1000
电力变压器和电动机绕组	≥500	1000～2500
发电机绕组	≤380	1000
电气设备	＜500	500～1000
	≥500	2500

b. 测量并读数。 在测量时，切断被测物的电源，将 L 端与被测物的导体部分连接，E 端与被测物的外壳或其他与之绝缘的导体连接，然后转动摇表的摇柄，让转速保持在 120r/min 左右（允许有 20％的转速误差），待表针稳定后进行读数。

③ 使用举例　下面举几个例子来说明摇表的使用。

a. 测量电网线间的绝缘电阻。 测量示意图如图 3-23 所示。测量时，先切断 220V 市电，并断开所有的用电设备的开关，再将摇表的 L 端和 E 端测量线分别插入插座的两个插孔，然后摇动摇柄查看表针所指数值。图 3-23 中表针指在 400 处，说明电源插座两插孔之间的绝缘电阻为 400MW。

如果测得电源插座两插孔之间的绝缘电阻很小，如零点几兆欧，则有可能是插座两个插孔之间绝缘性能不好，也可能是两根电网线间绝缘变差，还有可能是用电设备的开关或插座绝缘不好。

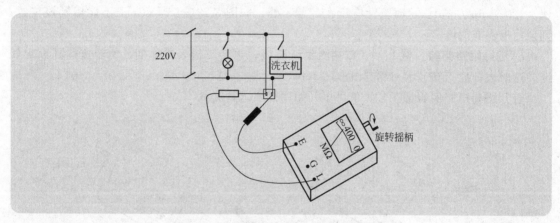

图 3-23　用摇表测量电网线间的绝缘电阻

b. 测量用电设备外壳与线路间的绝缘电阻。 这里以测洗衣机外壳与线路间的绝缘电阻为例来说明（冰箱、空调等设备的测量方法与之相同）。测量洗衣机外壳与线路间的绝缘电阻示意图如图 3-24 所示。

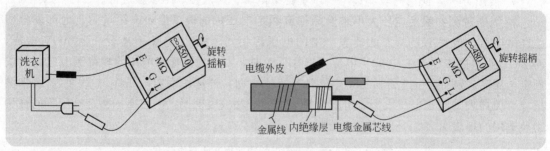

图 3-24　用摇表测量用电设备外壳　　　　图 3-25　用摇表测量电缆的绝缘电阻
　　　　与线路间的绝缘电阻

测量时，拔出洗衣机的电源插头，将摇表的 L 端测量线接电源插头，E 端测量线接洗衣机外壳，这样测量的是洗衣机的电气线路与外壳之间的绝缘电阻。正常情况下这个阻值应很大，如果测得该阻值小，说明内部电气线路与外壳之间存在着较大的漏电电流，人接触外壳时会造成触电，因此要重点检查电气线路与外壳漏电的原因。

c. 测量电缆的绝缘电阻。 用摇表测量电缆的绝缘电阻示意图如图 3-25 所示。

图 3-25 中的电缆有三部分：电缆金属芯线、内绝缘层和电缆外皮。测这种多层电缆时一般要用到摇表的 G 端。在测量时，分别各用一根金属线在电缆外皮和内绝缘层上绕几圈（这样测量时可使摇表的测量线与外皮、内绝缘层接触更充分），再将 E 端测量线接电缆外皮缠绕的金属线，将 G 端测量线接内绝缘层缠绕的金属线，L 端则接电缆金属芯线。这样连接好后，摇动摇柄即可测量电缆的绝缘电阻。将内绝缘层与 G 端相连，目的是让内绝缘层上的漏电电流直接流入 G 端，而不会流入 E 端，避免了漏电电流影响测量值。

（4）使用注意事项

在使用摇表测量时，要注意以下事项。

① **正确选用适当额定电压的摇表。**选用额定电压过高的摇表测量易击穿被测物，选用额定电压低的摇表测量则不能反映被测物的真实绝缘电阻。

② **测量电气设备时，一定要切断设备的电源。**切断电源后要等待一定的时间再测量，目的是让电气设备放完残存的电。

③ **测量时，摇表的测量线不能绕在一起。**这样做的目的是避免测量线之间的绝缘电阻影响被测物。

④ **测量时，顺时针由慢到快摇动手柄，直至转速达 120r/min，一般在 1min 后读数**（读数时仍要摇动摇柄）。

⑤ **在摇动摇柄时，手不可接触测量线裸露部位和被测物，以免触电。**

⑥ **被测物表面应擦拭干净，不得有污物，以免造成测量数据不准确。**

3.4.2　指针式兆欧表

指针式兆欧表与摇表一样，都是采用指针来指示阻值大小，但**指针式兆欧表内部采用升压电路，将几至十几伏的电压升高到几百至几千伏，因此不需要发电机，小巧轻便。**另外，有些指针式兆欧表内部可以产生多种测试高压，就可以测量不同额定电压下的电气设备的绝缘电阻。

（1）实物外形

如图 3-26 所示为几种指针式兆欧表的实物外形。

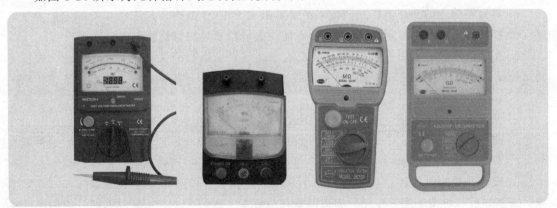

图 3-26　几种常用的指针式兆欧表

（2）使用方法

指针式兆欧表种类较多，但使用方法大同小异，下面以 MS5202 型指针式兆欧表为例来说明。

MS5202 型指针式兆欧表是一种便携的、专业的测量仪器，适用于工业装置如电缆、变压器、发电机、开关等维护和维修时的高压绝缘测试。MS5202 型指针式兆欧表的面板如图 3-27 所示。

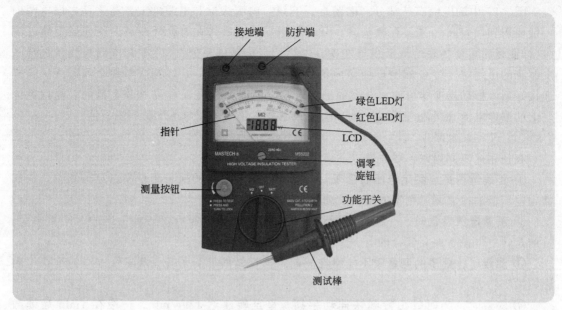

接地端　防护端

绿色LED灯
红色LED灯

指针

LCD

调零旋钮

测量按钮

功能开关

测试棒

图 3-27　MS5202 型指针式兆欧表的面板

MS5202 型指针式兆欧表的有关特点说明如下。

a. 具有指针、数字双显功能。指针用于指示绝缘电阻的大小，数字显示屏显示测试电压。

b. 具有自动量程转换功能。刻度盘上有两条刻度线，一条刻度线指示值为 0～2500MW，另一条指示值为 1000MW～∞。在测量 0～100000MW 范围内的绝缘电阻时，仪表根据绝缘电阻大小自动切换高、低量程，并且相应刻度线旁的 LED 灯发光，指示用户在该刻度线上读数。

c. 使用 8 节 1.5V 电池作电源。测量时，仪表的最大工作电流约为 140mA，仪表可连续工作约 4h。

d. 具有较稳定的测试电压。当被测绝缘电阻大于 100MΩ 时，仪表能保持稳定的测试电压（约 2500V，LCD 会显示出测试电压），使仪表能精确地测量绝缘电阻。

e. 在测量绝缘电阻时会报警提示仪表输出高压。当挡位开关置于"MW"挡，并按下测试按钮测量绝缘电阻时，仪表内藏报警系统会发出报警声，提醒操作者注意仪表输出高的电压，小心避免电击。

① 测量前的准备工作　测量前，需要做好以下准备工作。

a. 调零。将仪表平放在桌面上，并将功能开关置于"OFF"位置，观察指针是否指在刻度线"0"位置，若未指在"0"位置，可调节调零旋钮，将指针调到"0"处。

b. 安装并检验电池。让功能开关处于"OFF"位置，打开电池盖，安装 8 节 1.5V 电池，安装好后，再按下测量按钮，如指针指在刻度盘"BATT. OK"刻度范围，说明电池是好的，否则说明电池已不能使用，应及时更换，以免影响绝缘电阻的测量精度，并避免电池产生漏液损坏仪表。

c. 安插测量线。在仪表的 L 端、G 端和 E 端分别安插各自的测量线，一般情况下，可不用 G 端。

② 测量过程　MS5202 型指针式兆欧表的一般测量步骤如下。

a. 将仪表的功能开关置于"OFF"位置。

b. 切断被测物的电源，将仪表的 E 端测量线与被测物的接地端或相关部位连接起来，并确保连接良好。

c. 将功能开关置于"MΩ"位置。

d. 将 L 端测量线探针接触在被测物的导体部位上，按下测量按钮。

e. 标度盘上的 LED 灯会发光，当绿色 LED 灯亮时，在绿色刻度线上读数；当红色 LED 灯亮时，在红色刻度线上读数。另外在数字显示器上会显示出仪表的测试电压值。

f. 测量完成后，松开测量按钮，并等待几秒钟再将测量线探针从被测物上移开，释放被测物上可能存储的电荷。

由于测量时仪表内部功耗较大（电流达 150mA），所以一般情况下测量时间不要太长，即按下测量按钮时间不要太长。若需要连续一段时间测量被测物，可按下测量按钮并顺时针旋转到"LOCK"位置，测量按钮被锁住，不能弹起。需要停止测量时，只要逆时针旋转测量按钮至弹起即可。

3.4.3　数字式兆欧表

数字式兆欧表是以数字的形式直观显示被测绝缘电阻的大小，它与指针式兆欧表一样，测试高压都是由内部升压电路产生的。

（1）实物外形

如图 3-28 所示为几种数字式兆欧表的实物外形。

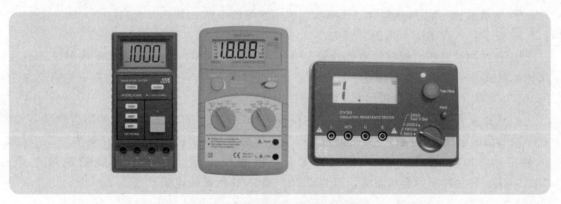

图 3-28　几种常见的数字式兆欧表

（2）使用方法

数字式兆欧表种类很多，使用方法基本相同，下面以 VC60B 型数字式兆欧表为例来说明。

VC60B 型数字式兆欧表是一种使用轻便、量程广、性能稳定，并且能自动关机的测量仪器。这种仪表内部采用电压变换器，可以将 9V 的直流电压变换成 250V/500V/1000V 的直流电压，因此可以测量多种不同额定电压下的电气设备的绝缘电阻。

VC60B 型数字式兆欧表的面板如图 3-29 所示。

① 测量前的准备工作　在测量前，需要先做好以下准备工作。

a. 安装 9V 电池。

b. 安插测量线。VC60B 型数字式兆欧表有四个测量线插孔：L 端（线路测试端）、G 端（防护或屏蔽端）、E_2 端（第 2 接地端）和 E_1 端（第 1 接地端）。先在 L 端和 G 端各安插一条测量线（一般情况下 G 端可不安插测量线），另一条测量线可根据仪表的测量电压来选择安插在 E_2 端或 E_1 端，当测量电压为 250V 或 500V 时，测量线应安插在 E_2 端，当测量电

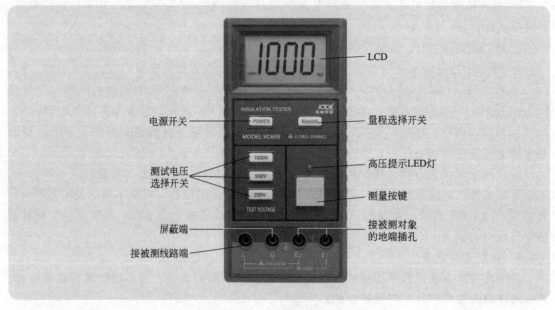

电源开关 —— POWER

量程选择开关

测试电压 选择开关 —— 1000V 500V 250V

高压提示LED灯

测量按键

屏蔽端

接被测线路端

接被测对象 的地端插孔

图 3-29 VC60B 型数字式兆欧表的面板

压为 1000V 时，则应插在 E_1 端。

② 测量过程 VC60B 型数字式兆欧表的一般测量步骤如下。

a. 按下 "POWER"（电源）开关。

b. 选择测试电压。根据被测物的额定电压，按下 1000V、500V 或 250V 中的某一开关来选择测试电压，如被测物用在 380V 电压中，可按下 500V 开关，显示器左下角将会显示 "500V" 字样，这时仪表会输出 500V 的测试电压。

c. 选择量程范围。操作 "RANGE"（量程选择）开关，可以选择不同的阻值测量范围，在不同的测试电压下，操作 "RANGE" 开关选择的测量范围会不同，具体见表 3-2。如测试电压为 500V，按下 "RANGE" 开关时，仪表可测量 50～1000MΩ 的绝缘电阻；"RANGE" 开关处于弹起状态时，可测量 0.1～50MΩ 的绝缘电阻。

表 3-2 不同测试电压下 "RANGE" 开关选择的测量范围

测 试 电 压	250×(1±10%)V	500×(1±10%)V	1000×(1±10%)V
量程	0.1～20MΩ	0.1～50MΩ	0.1～100MΩ
	20～500MΩ	50～1000MΩ	100～2000MΩ

d. 将仪表的 L 端、E_2 端或 E_1 端测量线的探针与被测物连接。

e. 按下 "PUSH" 键进行测量。测量过程中，不要松开 "PUSH" 键，此时显示器的数值会有变化，待稳定后开始读数。

f. 读数。读数时要注意，显示器左下角为当前的测试电压，中间为测量的阻值，右下角为阻值的单位。读数完毕，松开 "PUSH" 键。

在测量时，如显示器显示 "1"，表示测量值超出量程，可换高量程挡（即按下 "RANGE" 开关）重新测量。

第 **4** 章
配电电器与电能表

4.1 闸刀开关与熔断器

4.1.1 闸刀开关

闸刀开关又称为开启式负荷开关、瓷底胶盖闸刀开关，简称刀开关。它可分为单相闸刀开关和三相闸刀开关，它的外形、结构与符号如图 4-1 所示。闸刀开关除了能接通、断开电源外，其内部一般会安装熔丝，因此还能起过流保护作用。

闸刀开关需要垂直安装，进线装在上方，出线装在下方，进出线不能接反，以免触电。由于闸刀开关没有灭电弧装置（闸刀接通或断开时产生的电火花称为电弧），因此不能用作大容量负载的通断控制。闸刀开关一般用在照明电路中，也可以用作非频繁启动/停止的小容量电动机控制。

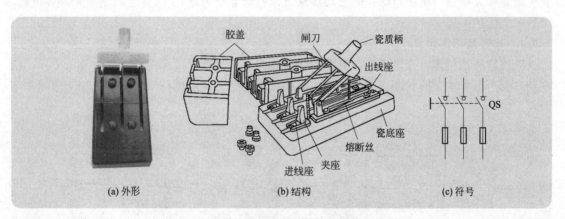

(a) 外形　　　　　　　　(b) 结构　　　　　　　　(c) 符号

图 4-1　常见的闸刀开关的外形、结构与符号

闸刀开关的型号含义说明如图 4-2 所示。

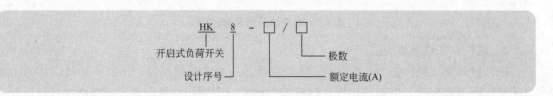

图 4-2　闸刀开关的型号含义

4.1.2 熔断器

RC 插入式熔断器主要用于电压在 **380V** 及以下、电流在 **5～200A** 的电路中，如照明电路和小容量的电动机电路中。

如图 4-3 所示是一种常见的 RC 插入式熔断器。这种熔断器用在额定电流在 30A 以下的电路中时，熔丝一般采用铅锡丝；当用在电流为 30～100A 的电路中时，熔丝一般采用铜丝；当用在电流达 100A 以上的电路中时，一般用变截面的铜片作熔丝。

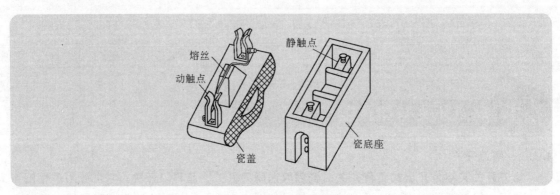

图 4-3　RC 插入式熔断器

4.2　断路器

断路器又称为自动空气开关，它既能对电路进行不频繁的通断控制，又能在电路出现过载、短路和欠电压（电压过低）时自动掉闸（即自动切断电路），因此它既是一个开关电器，又是一个保护电器。

4.2.1　外形及标注含义

断路器种类较多，住宅用户一般采用塑封断路器，其外形及标注含义如图 4-4 所示，从左至右依次为单相、两相和三相断路器。在断路器上标有额定电压、额定电流和工作频率等内容。

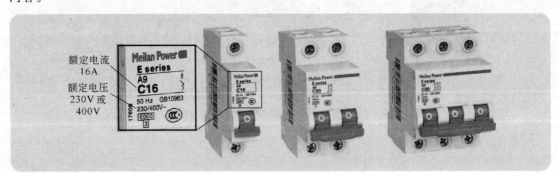

图 4-4　断路器外形及标注含义

4.2.2　结构与工作原理

断路器的典型结构如图 4-5 所示。该断路器是一个三相断路器，内部主要由主触点、反力弹簧、搭钩、杠杆、电磁脱扣器、热脱扣器和欠电压脱扣器等组成。该断路器可以实现过电流、过热和欠电压保护功能。

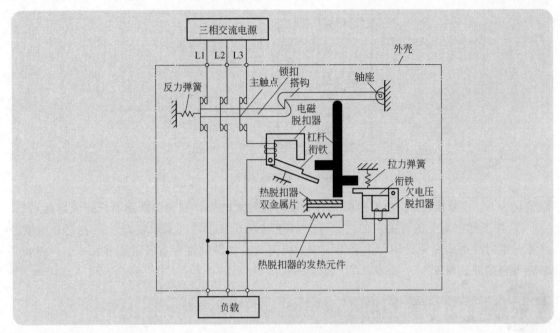

图 4-5　断路器的典型结构

（1）过电流保护

三相交流电源经断路器的三个主触点和三条线路为负载提供三相交流电，其中一条线路中串接了电磁脱扣器线圈和发热元件。当负载有严重短路时，流过线路的电流很大，流过电磁脱扣器线圈的电流也很大，线圈产生很强的磁场并通过铁芯吸引衔铁，衔铁动作，带动杠杆上移，两个搭钩脱离，依靠反力弹簧的作用，三个主触点的动、静触点断开，从而切断电源以保护短路的负载。

（2）过热保护

如果负载没有短路，但若长时间超负荷运行，负载比较容易损坏。虽然在这种情况下电流也较正常时大，但还不足以使电磁脱扣器动作，断路器的热保护装置可以解决这个问题。若负载长时间超负荷运行，则流过发热元件的电流长时间偏大，发热元件温度升高，它加热附近的双金属片（热脱扣器），其中上面的金属片热膨胀小，双金属片受热后向上弯曲，推动杠杆上移，使两个搭钩脱离，三个主触点的动、静触点断开，从而切断电源。

（3）欠电压保护

如果电源电压过低，则断路器也能切断电源与负载的连接，进行保护。断路器的欠电压脱扣器线圈与两条电源线连接，当三相交流电源的电压很低时，两条电源线之间的电压也很低，流过欠电压脱扣器线圈的电流小，线圈产生的磁场弱，不足以吸引住衔铁，在拉力弹簧的拉力作用下，衔铁上移，并推动杠杆上移，两个搭钩脱离，三个主触点的动、静触点断开，从而断开电源与负载的连接。

4.2.3　断路器的检测

断路器检测通常使用万用表的×1Ω挡或×10Ω挡，检测过程如图4-6所示，具体分以下两步。

① 按下断路器上的开关，使之处于"ON（接通状态）"，然后将红、黑表笔分别接断路器对应的两个接线端，正常阻值应为0，接着再用同样的方法测量其他对应的接线端，正常

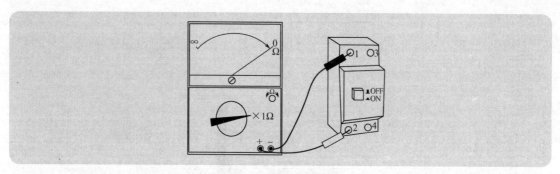

图 4-6　断路器的检测

阻值应为 0，或者接近 0。如果阻值无穷大或阻值时大时小，则表明断路器开路或接触不良。

② 按下断路器上的开关，使之处于"OFF（断开状态）"，然后将红、黑表笔分别接断路器每组对应的两个接线端，正常阻值应为无穷大。如果阻值为 0 或阻值时大时小，则表明断路器短路或接触不良。

4.3　漏电保护器

在安装配电线路及选择低压电器时，除了要考虑负载出现故障时能进行保护外，还要考虑人体触电和线路漏电时也能执行保护。普通的断路器可以在负载出现故障时进行保护，但在人体触电时却无能为力，这是因为人体触电的安全电流很小（30mA 以下为安全电流），不足以使普通的断路器掉闸。**在配电线路中安装漏电保护器可以在人体触电或线路漏电时进行保护。**

4.3.1　外形与符号

漏电保护器又称为漏电保护开关，英文缩写为 RCD，其外形和符号如图 4-7 所示。在图 4-7（a）中，右方的漏电器有两个输入端子和四个输出端子，它具有断路器和漏电保护器的功能，左边的两个输出端子与输入端子之间相当于断路器，无漏电保护功能，右边的两个输出端子与输入端子之间相当于一个漏电保护器，有漏电时跳闸保护功能，漏电保护器保护时可能只断开一条线路，也可能同时断开多条线路，具体可查看面板上的开关数量或面板说明。

4.3.2　结构与工作原理

图 4-8 是漏电保护器的结构示意图。220V 的交流电压经保护器内部的开关和线路接负载（灯泡），在保护器内部两条导线上缠有绕组，该绕组与铁芯上的绕组连接，当人体没有接触导线时，流过两根导线的电流大小相等，方向相反，它们产生大小相等、方向相反的磁场，这两个磁场相互抵消，这两根导线上的绕组不会产生电动势，衔铁不动作。一旦人体接触导线，如图 4-8 所示，一部分电流会经人体直接到地，再通过大地回到电源的另一端，这样流过保护器内部两根导线的电流就不相等，它们产生的磁场也就不相等，不能完全抵消，即两根导线上的绕组有磁场穿过，绕组会产生电流，电流流入铁芯上的绕组，绕组产生磁场吸引衔铁，将开关断开，切断供电，触电的人就得到了保护。

4.3.3　在不同供电系统中的接线

漏电保护器在不同供电系统中的接线方法如图 4-9 所示。

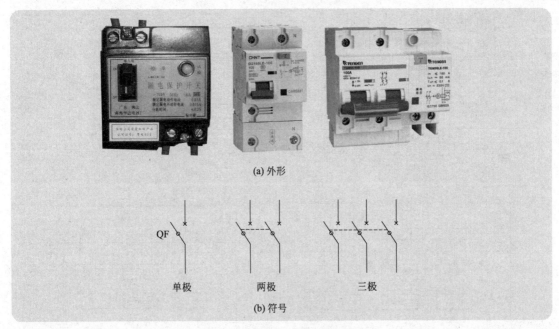

(a) 外形

QF

单极　　　　　两极　　　　　三极

(b) 符号

图4-7　漏电保护器的外形与符号

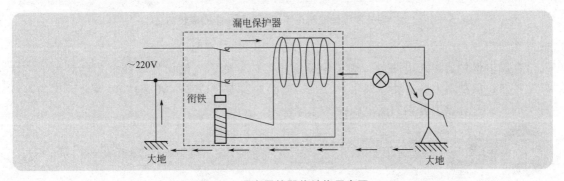

图4-8　漏电保护器的结构示意图

图4-9(a)为漏电保护器在 TT 供电系统中的接线方法。TT 系统是指电源侧中性线直接接地，而电气设备的金属外壳直接接地。

图4-9(b)为漏电保护器在 TN-C 供电系统中的接线方法。TN-C 系统是指电源侧中性线直接接地，而电气设备的金属外壳通过接中性线而接地。

图4-9(c)为漏电保护器在 TN-S 供电系统中的接线方法。TN-S 系统是指电源侧中性线和保护线都直接接地，整个系统的中性线和保护线是分开的。

图4-9(d)为漏电保护器在 TN-C-S 供电系统中的接线方法。TN-C-S 系统是指电源侧中性线直接接地，整个系统中有一部分中性线和保护线是合一的，而在末端是分开的。

4.3.4　漏电保护器的检测与使用

漏电保护器的检测与断路器基本相同，未接入电路前，先将开关拨至"ON"位置，用万用表的×1Ω挡或×10Ω挡测量保护器的输入接线端与对应输出接线端是否相通（阻值为0），相通则表明漏电保护器正常，否则表明漏电保护器内部损坏；然后将开关拨至"OFF"位置，测量输入接线端和对应输出接线端的阻值，正常应为无穷大，否则表明漏电保护器内

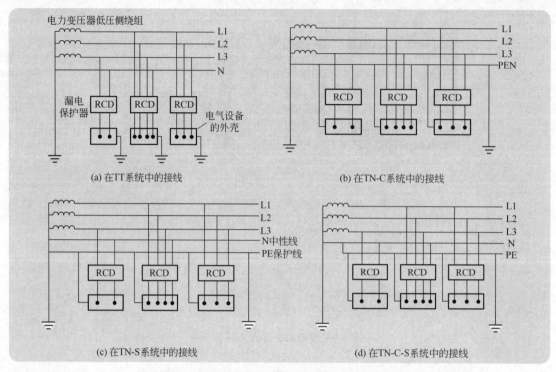

图 4-9　漏电保护器在不同供电系统中的接线方法

部损坏。

在漏电保护器接入电路后，为了检验保护器的性能，先给保护器通电，然后按下"试验"按钮，保护器上的开关立即由"ON（接通）"跳至"OFF（断开）"位置，内部的触点开关断开。符合以上要求的漏电保护器才能使用。

4.4　电能表

电能表又称电度表、火表等，它是一种用来计算用电量（电能）的测量仪表。电能表可分为单相电能表和三相电能表，分别用在单相和三相交流电路中。

根据结构和原理不同，电度表可分为机械式电能表和电子式电能表。机械式电能表又称感应式电能表，它是利用电磁感应产生力矩来驱动计数机构对电能进行计量。电子式电能表是利用电子电路驱动计数机构来对电能进行计量。

4.4.1　机械式电能表的结构与原理

（1）单相机械式电能表

单相机械式电能表的外形及内部结构如图 4-10 所示。

从图 4-10（b）中可以看出，单相电能表内部垂直方向有一个铁芯，铁芯中间夹有一个铝盘，铁芯上绕着线径小、匝数多的电压线圈，在铝盘的下方水平放置着一个铁芯，铁芯上绕有线径粗、匝数少的电流线圈。当电能表按图示的方法与电源及负载连接好后，电压线圈和电流线圈均有电流通过而都产生磁场，它们的磁场分别通过垂直和水平方向的铁芯作用于铝盘，铝盘受力转动，铝盘中央的转轴也随之转动，它通过传动齿轮驱动计数器计数。如果电源电压高、流向负载的电流大，两个线圈产生的磁场强，铝盘转速

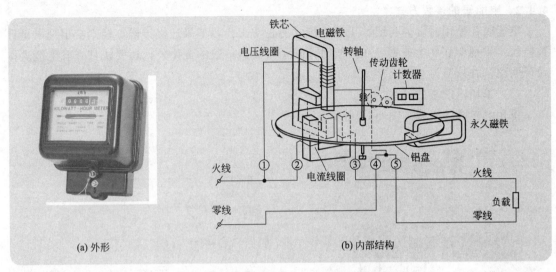

图 4-10　单相机械式电能表的外形及内部结构

快，通过转轴、齿轮驱动计数器的计数速度快，计数出来的电量更多。永久磁铁的作用是让铝盘运转保持平衡。

（2）三相三线机械式电能表

三相三线机械式电能表的外形与内部结构如图 4-11 所示。从图 4-11（b）中可以看出，三相三线式电能表有两组与单相电能表一样的元件，这两组元件共用一根转轴、减速齿轮和计数器，在工作时，两组元件的铝盘共同带动转轴运转，通过齿轮驱动计数器进行计数。

三相四线式电能表的结构与三相三线式电能表类似，但它内部有三组元件共同来驱动计数机构。

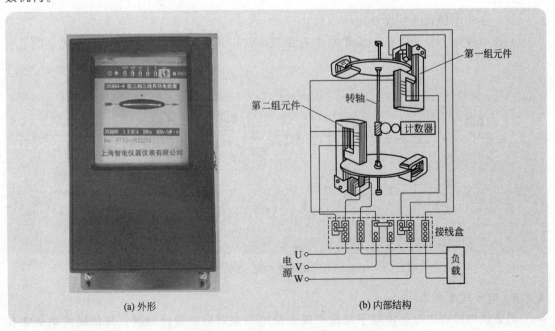

图 4-11　三相三线式电能表的外形与内部结构

4.4.2 电能表的接线方式

电能表在使用时，要与线路正确连接才能正常工作，如果连接错误，轻则会出现电量计数错误，重则会烧坏电能表。在接线时，除了要注意一般的规律外，还要认真查看电能表接线说明图，并按照说明图来接线。

（1）单相电能表的接线

单相电能表的接线如图4-12所示。

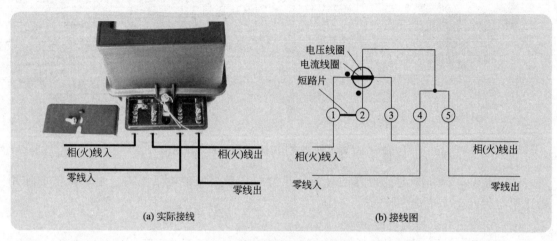

图 4-12　单相电能表的接线

图4-12（b）中圆圈上的粗水平线表示电流线圈，其线径粗、匝数小、阻值小（接近零欧），在接线时，要串接在电源相线和负载之间；圆圈上的细垂直线表示电压线圈，其线径细、匝数多、阻值大（用万用表欧姆挡测量时约几百至几千欧），在接线时，要接在电源相线和零线之间。另外，电能表电压线圈、电流线圈的电源端（该端一般标有圆点）应共同接电源进线。

（2）三相电能表的接线方式

三相电能表可分为三相三线式电能表和三相四线式电能表，它们的接线方式如图4-13所示。

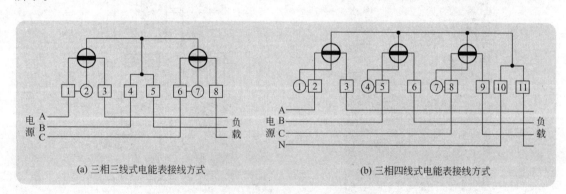

图 4-13　三相电能表常见的接线方式

4.4.3 电子式电能表

电子式电能表内部采用电子电路构成测量电路来对电能进行测量，与机械式电能表比较，电子式电能表具有精度高、可靠性好、功耗低、过载能力强、体积小和重量轻等优点。

有的电子式电能表采用一些先进的电子测量电路，故可以实现很多智能化的电能测量功能。常见的电子式电能表有普通的电子式电能表、电子式预付费电能表和电子式多费率电能表等。

（1）普通的电子式电能表

普通的电子式电能表采用了电子测量电路来对电能进行测量。根据显示方式来分，它可以分为滚轮显示电能表和液晶显示电能表。图4-14列出了两种类型的电子式电能表和滚轮显示电子电能表的内部结构。

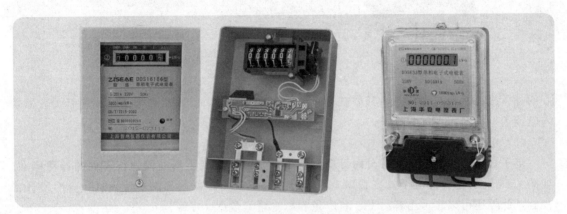

图4-14 两种类型的普通电子式电能表

滚轮显示电子式电能表内部没有铝盘，不能带动滚轮计数器，在其内部采用了一个小型步进电机，在测量时，电能表每通过一定的电量，测量电路会产生一个脉冲，该脉冲去驱动电机旋转一定的角度，带动滚轮计数器转动来进行计数。图4-14左方的电子式电能表的电表常数为3200imp/kW·h（脉冲数/千瓦时），表示电能表的测量电路需要产生3200个脉冲才能让滚轮计数器计量一度电，即当电能表通过的电量为1/3200度时，测量电路才会产生一个脉冲去滚轮计数器。

液晶显示电子式电能表则是由测量电路输出显示信号，直接驱动液晶显示器显示电量数值。

电子式电能表的接线与机械式电能表基本相同，这里不再叙述，为确保接线准确无误，可查看电能表附带的说明书。

（2）电子式预付费电能表

电子式预付费电能表是一种先缴电费再用电的电能表。如图4-15所示就是一种电子式预付费电能表。

这种电能表内部采用了微处理器（CPU）、存储器、通信接口电路和继电器等。它在使用前，需先将已充值的购电卡插入电能表的插槽，在内部CPU的控制下，购电卡中的数据被读入电能表的存储器，并在显示器上显示可使用的电量值。在用电过程中，显示器上的电量值根据电能的使用量而减少，当电量值减小到0时，CPU会通过电路控制内部继电器开路，输入电能表的电能因继电器开路而无法输出，从而切断了用户的供电。

根据充值方式不同，电子式预付费电能表可以分为IC卡充值式、射频卡充值式和远程充值式等，如图4-15所示为IC卡充值式。射频卡充值式电能表只需将卡靠近电能表，卡内数据即会被电能表内的接收器读入存储器。远程充值式电能表有一根通信电缆与远处缴费中

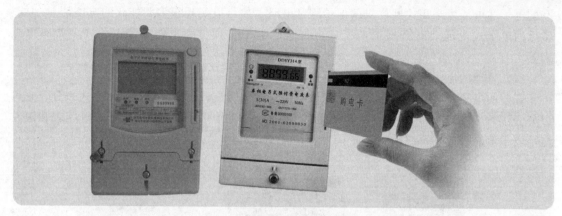

图 4-15　电子式预付费电能表

心的计算机连接，在充值时，只要在计算机中输入充电值，计算机会通过电缆将有关数据送入电能表，从而实现远程充值。

（3）电子式多费率电能表

电子式多费率电能表又称分时计费电能表，它可以实现不同时段执行不同的计费标准。 如图 4-16 所示是一种电子式多费率电能表，这种电能表依靠内部的单片机进行分时段计费控制，此外还可以显示出峰、平、谷电量和总电量等数据。

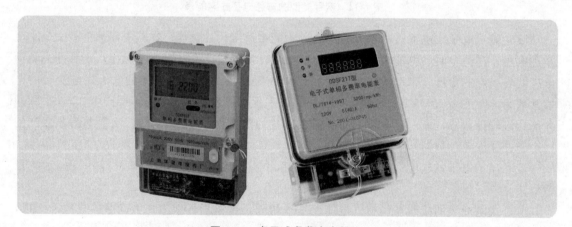

图 4-16　电子式多费率电能表

（4）电子式电能表与机械式电能表的区别

电子式电能表与机械式电能表如图 4-17 所示。**两种电能表可以从以下几个方面进行区别。**

① **查看面板上有无铝盘。** 电子式电能表没有铝盘，而机械式电能表面板上可以看到铝盘。

② **查看面板型号。** 电子式电能表型号的第 3 位含有 S 字母，而机械式电能表没有，如 DDS633 为电子式电能表。

③ **查看电表常数单位。** 电子式电能表的电表常数单位为 imp/kW·h（脉冲数/千瓦时），机械式电能表的电表常数单位为 r/kW·h（转数/千瓦时）。

4.4.4　电能表型号与铭牌含义

（1）型号含义

电能表的型号一般由五部分组成，各部分意义如下。

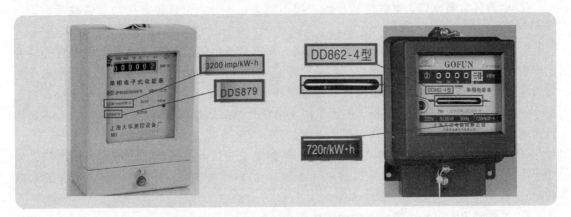

图 4-17　机械式电能表与电子式电能表的区别

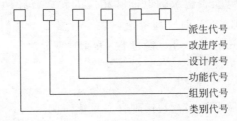

① 类别代号：D-电能表。

② 组别代号：A-安培小时计；B-标准；D-单相电能表；F-伏特小时计；J-直流；S-三相三线；T-三相四线；X-无功。

③ 功能代号：F-分时计费；S-电子式；Y-预付费式；D-多功能；M-脉冲式；Z-最大需量。

④ 设计序号：一般用数字表示。

⑤ 改进序号：一般用汉语拼音字母表示。

⑥ 派生代号：T-湿热、干热两用；TH-湿热专用；TA-干热专用；G-高原用；H-船用；F-化工防腐。

电能表的形式和功能很多，各厂家在型号命名上也不尽完全相同，大多数电能表只用两个字母表示其功能和用途。一些特殊功能或电子式的电能表多用三个字母表示其功能和用途。

举例如下。

① DD28 表示单相电能表。D-电能表，D-单相，28-设计序号。

② DS862 表示三相三线有功电能表。D-电能表，S-三相三线，86-设计序号，2-改进序号。

③ DX8 表示无功电能表。D-电能表，X-无功，8-设计序号。

④ DTD18 表示三相四线有功多功能电能表。D-电能表，T-三相四线，D-多功能，18-设计序号。

（2）铭牌含义

电能表铭牌通常含有以下内容。

① **计量单位名称或符号。** 有功电表为"kW·h（千瓦时）"，无功电表为"kvar·h（千乏时）"。

② **电量计数器窗口**。整数位和小数位用不同颜色区分，窗口各字轮均有倍乘系数，如×1000、×100、×10、×1、×0.1。

③ **标定电流和额定最大电流**。标定电流（又称基本电流）是用于确定电能表有关特性的电流值，该值越小，电能表越容易启动；额定最大电流是指仪表能满足规定计量准确度的最大电流值。当电能表通过的电流在标定电流和额定最大电流之间时，电能计量准确，当电流小于标定电流值或大于额定最大电流值时，电能计量准确度会下降。一般情况下，不允许流过电能表的电流长时间大于额定最大电流。

④ **工作电压**。电能表所接电源的电压。单相电能表以电压线路接线端的电压表示，如220V；三相三线电能表以相数乘以线电压表示，如 $3×380V$；三相四线电能表以相数乘以相电压/线电压表示，如 $3×220/380V$。

⑤ **工作频率**。电能表所接电源的工作频率。

⑥ **电表常数**。它是指电能表记录的电能和相应的转数或脉冲数之间关系的常数。机械式电能表以 r/kW·h（转数/千瓦时）为单位，表示计量 1 千瓦时（1 度电）电量时的铝盘的转数，电子式电能表以 imp/kW·h（脉冲数/千瓦时）为单位。

⑦ **型号**。

⑧ **制造厂名**。

图 4-18 是一个单相机械电能表，其铭牌含义见标注所示。

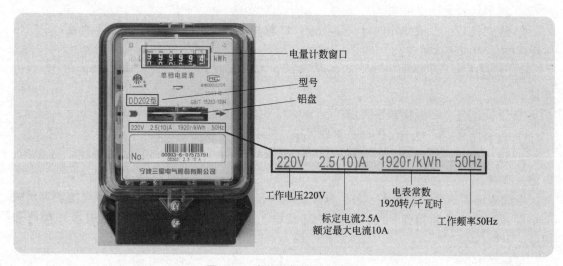

图 4-18　电能表铭牌含义说明

4.4.5　用电能表测量电器的功率

有些电器标有功率大小，如灯泡；也有些电器没有标出功率，如计算机；还有些电器有多个挡位，虽然标出了功率，但它只是其中一个挡的功率，如电风扇。对于后面两种类型的电器，可以借助电能表来测量它们的功率。

下面以测量一台计算机工作时的功率为例来说明。详细过程如下。

① 查看电能表的常数。某电能表的常数 R 为 $600r/kW·h$（即 600 转/千瓦时），其含义是当电能表铝盘旋转 600 转时计得的电量为 $1kW·h$（即 1 度电）。

② 关掉电能表接的所有电器，仅让计算机开机工作。

③ 观察并记录电能表转盘旋转的圈数 r 和所用的时间 t。在记录时，圈数应为整数，圈

数越多，测量将会更准确，这里假设 $r=9$、$t=360s$。

④ 利用公式 $P=3600r/(tR)$ 求计算机的功率（P 为功率，单位为 kW）。将有关值代入式子可计算出计算机的功率为

$$P=\frac{3600r}{tR}=\frac{3600\times9}{360\times600}=0.15\text{kW}=150\text{W}$$

注意：计算机硬件配置不同，其功率不同，运行程序时较不运行程序时消耗功率更大。

用上述的方法不但可以测量出某电器的功率，还可以检验电能表计量的准确性。在检验电能表时，先找一个标注准确的 100W 灯泡，然后用测量计算机功率的方法测量并计算该灯泡的功率，若计算出的功率与灯泡标注的功率相同，则说明电能表计量准确，否则计量不准确。

第 **5** 章
家装配电线路的规划

5.1 住宅供配电系统

5.1.1 电能的传输环节

　　一般住宅用户的用电由当地电网提供，而当地电网的电能来自发电站。发电站的电能传输到用户的环节如图 5-1 所示，发电站的发电机输出电压先经升压变压器升至 220kV 电压，然后通过高压输电线进行远距离传输，到达用电区后，先送到一次高压变电所，由降压变压器将 220kV 电压降压成 110kV 电压，接着送到二次高压变压所，由降压变压器将 110kV 电

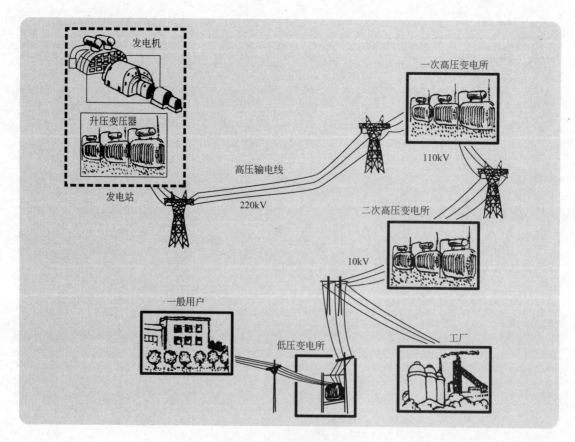

图 5-1　电能的传输环节

压降压成 10kV 电压，10kV 电压一部分送到需要高压的工厂使用，另一部分送到低压变电所，由降压变压器将 10kV 电压降压成 220/380V 电压，提供给一般用户使用。

5.1.2 住宅供电方式

住宅用户使用 220/380V 电压，它由低压变电所（或小区配电房）提供，低压变电所的降压变压器将 10kV 的交流电压转换成 220/380V 的交流电压，然后提供给用户。**低压变电所为住宅用户供电主要有两种方式：TN-C 供电方式（三相四线制）和 TN-S 供电方式（三相五线制）。**

（1）TN-C 供电方式

TN-C 供电方式属于三相四线制，如图 5-2 所示，在该供电方式中，中性线直接与大地连接，并且接地线和中性线合二为一（即只有一根接地的中性线，无接地线）。**TN-C 供电方式常用在低压公用电网及农村集体电网等小负荷系统。**

在如图 5-2 所示的 TN-C 供电系统中，低压变电所的降压变压器将 10kV 电压降为 220/380V（相线与中性线之间的电压为 220V，相线之间的电压为 380V），为了平衡变压器输出电能，将 L1 相电源分配给 A、B 村庄，将 L2 相电源分配给 C、D 村庄，将 L3 相电源分配给 E、F 村庄，将 L1、L2、L3 三相电源提供给三相电用户，每个村庄的入户线为两根，而三相电用户的输入线有四根。电能表分别用来计量各个村庄及三相用户的用电量，断路器分别用来切换各个村庄和三相用户的用电。图 5-2 中虚线框内的部分通常设在低压变电所。

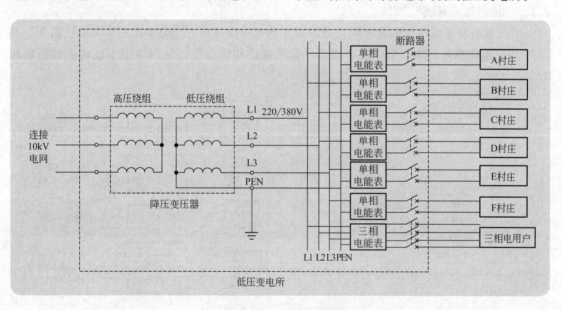

图 5-2 TN-C 供电方式

（2）TN-S 供电方式

TN-S 供电方式属于三相五线制，如图 5-3 所示，在该供电方式中，中性线和接地线是分开的，在送电端，中性线和地线都与大地连接，在正常情况下，中性线与相线构成回路，有电流流过，而接地线无电流流过。**TN-S 供电方式的安全性能好，欧美各国普遍采用这种供电方式，我国也在逐步推广采用，一些城市小区普遍采用这种供电方式。**

在如图 5-3 所示的 TN-S 供电系统中，单相电用户的入户线有三根（相线、中性线和接地线），三相电用户输入线有五根（三根相线、一根中性线和一根接地线）。电能表分别用来计量各幢楼及三相用户的用电量，断路器分别用来切换各幢楼及三相用户的用电。图 5-3 中虚线框内的部分通常设在小区的配电房内。

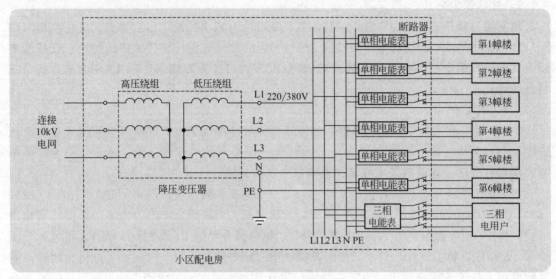

图 5-3　TN-S 供电方式

5.1.3　用户配电系统

当配电房将电源送到某幢楼时，就需要开始为每个用户分配电源。图 5-4 是一幢 8 层共 16 个用户的配电系统图。楼电能表用于计量整幢楼的用电量，断路器用于接通或切断整幢

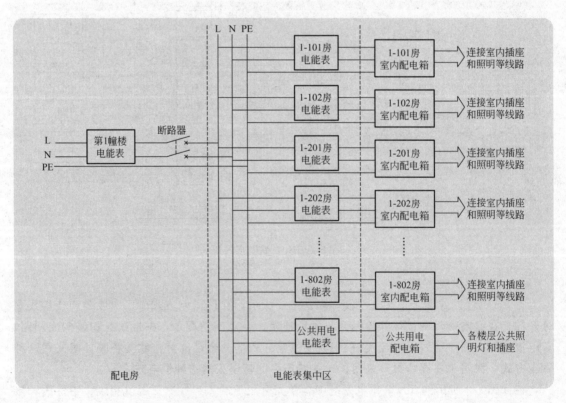

图 5-4　一幢 8 层 16 用户的配电系统图

楼的用电,整幢楼的每户都安装有电能表,用于计量每户的用电量,为了便于管理,这些电能表一般集中安装在一起管理(如安装在楼梯间或地下车库),用户可到电能表集中区查看电量。电能表的输出端接至室内配电箱,用户可根据需要,在室内配电箱安装多个断路器、漏电保护器等配电电器。

5.2　家庭常用配电方式及配电原则

家庭配电是指根据一定的方式将家庭入户电源分配成多条电源支路,以提供给室内各处的插座和照明灯具。下面介绍三种家庭常用的配电方式。

5.2.1　按家用电器的类型分配电源支路

在采用该配电方式时,可根据家用电器类型,从室内配电箱分出照明、电热、厨房电器、空调等若干支路(或称回路)。由于该方式将不同类型的用电器分配在不同支路内,当某类型用电器发生故障需停电检修时,不会影响其他电器的正常供电。这种配电方式敷设线路长,施工工作量较大,造价相对较高。

图5-5采用了按家用电器的类型来分配电源支路。三根入户线中的L、N线进入配电箱后先接用户总开关,厨房的用电器较多且环境潮湿,故用漏电保护器单独分出一条支路;一般家庭都有多台空调,由于空调功率大,可分为两条支路(如一路接到客厅大功率柜式空调插座,另一条接到几个房间的小功率壁挂式空调);浴室的浴霸功率较大,也单独引出一条支路;卫生间比较潮湿,用漏电保护器单独分出一条支路;室内其他各处的插座分出两路来接,如一条支路接餐厅、客厅和过道的插座,另一条支路接三房的插座;照明灯具功率较小,故只分出一条支路接到室内各处的照明灯具。

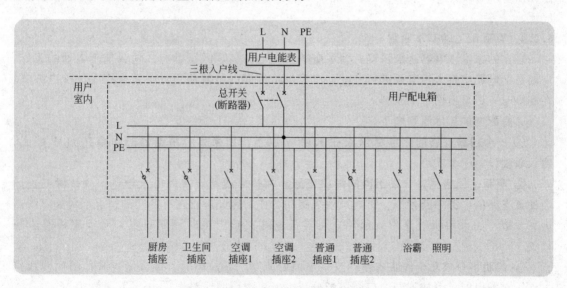

图5-5　按家用电器的类型分配电源支路

5.2.2　按区域分配电源支路

在采用该配电方式时,可从室内配电箱分出客餐厅、主卧室、客书房、厨房、卫生间等若干支路。该配电方式使各室供电相对独立,减少相互之间的干扰,一旦发生电气故障时仅影响一两处。这种配电方式敷设线路较短。图5-6采用了按室分配电源支路。

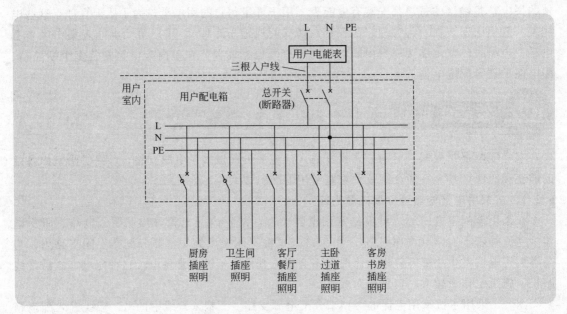

图 5-6　按区域分配电源支路

5.2.3　混合型分配电源支路

在采用该配电方式时，除了大功率的用电器（如空调、电热水器、电取暖器等）单独设置线路回路以外，其他各线路回路并不一定分割得十分明确，而是根据实际房型和导线走向等因素来决定各用电器所属的线路回路。这样配电对维修和处理故障有一定不便，但由于配电灵活，可有效地减少导线敷设长度，节省投资，方便施工，所以这种配电方式使用较广泛。

5.2.4　家庭配电的基本原则

现在的家庭用电器越来越多，为了避免某一电器出现问题影响其他或整个电器的工作，需要在配电箱中将入户电源进行分配，以提供给不同的电器使用。不管采用哪种配电方式，在配电时应尽量遵循基本原则。

家庭配电的基本原则如下。

① 一个线路支路的容量尽量应在 1.5kW 以下，如果单个用电器的功率在 1kW 以上，建议单独设为一个支路。

② 照明、插座尽量分成不同的线路支路。当插座线路连接的电气设备出现故障时，只会使该支路的电源中断，不会影响照明线路的工作，因此可以在有照明的情况下对插座线路进行检修，如果照明线路出现故障，可在插座线路接上临时照明灯具，对插座线路进行检查。

③ 照明可分成几个线路支路。当一个照明线路出现故障时，不会影响其他的照明线路工作，在配电时，可按不同的房间搭配分成二、三个照明线路。

④ 对于大功率用电器（如空调、电热水器、微波炉等），尽量一个电器分配一个线路支路，并且线路应选用截面积大的导线。如果多台大功率电器合用一个线路，当它们同时使用时，导线会因流过的电流很大而易发热，即使导线不会马上烧坏，长期使用也会降低导线的绝缘性能。与截面积小的导线相比，截面积大的导线的电阻更小，截面积大的导线对电能损耗更小，不易发热，使用寿命更长。

⑤ 潮湿环境（如浴室）的插座和照明灯具的线路支路必须采取接地保护措施。一般插座可采用两极、三极普通插座，而潮湿环境需要用防溅三极插座，其使用的灯具如有金属外壳，则要求外壳必须接地（与 PE 线连接）。

5.3　电能表、开关容量和导线截面积的选择

5.3.1　电能表、总开关的容量和入户导线截面积的选择

在选择电能表、总开关的容量和入户导线截面积时，必须要知道家庭用电负荷（家庭用电的最大功率），再根据用电负荷值进行合理的选择。确定家庭用电负荷的方法主要有经验法和计算法，经验法快捷但精确度稍差，计算法精确度高但稍为麻烦。

（1）用经验法选择电能表、总开关容量和入户导线截面积

经验法是根据大多数家庭用电情况总结出来的，故在大多数情况下都是适用的。表 5-1 列出一些不同住宅用户的用电负荷值和总开关、电能表应选容量值及入户导线的选用规格。例如对于建筑面积在 $80 \sim 120 \text{m}^2$ 的住宅用户，其用电负荷一般在 3kW 左右，负荷电流为 16A 左右，电能表容量选择 10(40)A，入户总开关额定电流选择 32A，入户线选择规格为 3 根截面积为 10mm^2 的塑料铜线。

表 5-1　一些不同住宅用户的用电负荷值和总开关、电能表应选容量值及入户导线的选用规格

住 宅 类 别	用电负荷/kW	负荷电流/A	总开关额定电流/A	电能表容量/A	进户线规格
复式楼	8	43	90	20(80)	BV-3 * 25mm²
高级住宅	6.7	36	70	15(60)	BV-3 * 16mm²
120m² 以上住宅	5.7	31	50	15(60)	BV-3 * 16mm²
80~120m² 住宅	3	16	32	10(40)	BV-3 * 10mm²

（2）用计算法选择电能表、总开关容量和入户导线截面积

在用计算法选择电能表、总开关和导线截面积时，先要计算出家庭用电负荷，再根据用电负荷进行选择。

用计算法选择电能表、总开关容量和导线截面积的步骤如下。

① 计算用户有功用电负荷功率 P_{js}　用户有功用电负荷功率 P_{js} 也即用户用电负荷功率。

用户有功用电负荷功率 P_{js} = 需求系数 K_c × 用户所有电器的总功率 P_E

需求系数 K_c 又称同时使用系数，$K_c = P_{30}/P_F$，P_{30} 为半小时同时使用的电器功率，同时使用半小时的电器越多，需求系数越大，对于一般的住宅用户，K_c 通常取 $0.4 \sim 0.7$，如果用户经常同时使用半小时的电器功率是总功率的一半，则需求系数 $K_c = 0.5$。

表 5-2 列出了一个小康家庭的各用电设备功率和总功率 P_E，由于表中的 P_E 值是一个大致范围，为了计算方便，这里取中间值 $P_E = 13 \text{kW}$，如果取 $K_c = 0.5$，那么该家庭的有功用电负荷功率

$$P_{js} = K_c \times P_E = 0.5 \times 13 \text{kW} = 6.5 \text{kW}$$

② 计算用户用电负荷电流 I_{js}　选择电能表、总开关容量和导线截面积必须要知道用户用电负荷电流 I_{js}。

$$用户用电负荷电流 \ I_{js} = \frac{用户有功用电负荷功率 \ P_{js}}{电源电压 \ U \cdot \cos\phi}$$

表 5-2　一个小康家庭的各用电设备功率和总功率 P_E

分类	序号	用电设备	功率/kW
照明	1	照明灯具	0.5～0.8
普通家用电器	2	电冰箱	0.2
	3	洗衣机	0.3～1.0
	4	电视机	0.3
	5	电风扇	0.1
	6	电烫斗	0.5～1.0
	7	组合音响	0.1～0.3
	8	吸湿机	0.1～0.15
	9	影视设备	0.1～0.3
厨房及洗浴电器	10	电饭煲	0.6～1.3
	11	电烤箱	0.5～1.0
	12	微波炉	0.6～1.2
	13	消毒柜	0.6～1.0
	14	抽油烟机	0.3～1.0
	15	食品加工机	0.3
	16	电热水器	0.5～1.0
空调卫生及其他	17	电取暖器	0.5～1.5
	18	吸尘器	0.2～0.5
	19	空调机	1.5～3.0
	20	电脑	0.08
	21	打印机	0.08
	22	传真机	0.06
	23	防盗保安	0.1
总　　计			8.39～16.24

$\cos\phi$ 为功率因数，一般取 0.6～0.9，感性用电设备（如日光灯、含电机的电器）越多，$\cos\phi$ 取值越小。以上例的小康家庭为例，如果取 $\cos\phi=0.8$，那么其用户用电负荷电流

$$I_{js} = \frac{P_{js}}{U\cos\phi} = \frac{6.5\mathrm{kW}}{220\mathrm{V}\times0.8} \approx 36.9\mathrm{A}$$

③ 选择电能表和总开关的容量　电能表和总开关的容量是以额定电流来体现的，选择时要求电能表和总开关的额定电流大于用户用电负荷电流 I_{js}，考虑到一些电器（如空调）的启动电流很大，通常要求电能表和总开关的额定电流是用电负荷电流的两倍左右，上例中的 $I_{js}=36.9\mathrm{A}$，那么可选择容量为 15(60)A 的电能表和 70A 总开关（断路器）。

④ 入户导线截面积的选择　导线截面积可根据 1A 电流对应 0.275mm² 截面积的经验值选择塑料铜导线。上例中的 $I_{js}=36.9\mathrm{A}$，根据经验值可计算出塑料铜导线的截面积为 $36.9\times0.275\mathrm{mm}^2 \approx 10.14\mathrm{mm}^2$，按 1.5～2.0 倍的余量，即可选择截面积在 15～20mm² 左右的塑料铜导线作为入户导线。

5.3.2　分支开关的容量与分支导线截面积的选择

入户线引入配电箱后，先经过总开关，然后由分支开关分成多条支路，再通过各分支导

线连接室内各处的照明灯具和开关。

　　配电箱的分支开关有断路器（空气开关）和漏电保护器（漏电保护开关）。断路器的功能是当所在线路或家用电器发生短路或过载时，能自动跳闸来切断本路电源，从而有效地保护这些设备免受损坏或防止事故扩大；漏电保护器除了具有断路器的功能外，还能执行漏电保护，当所在线路发生漏电或触电（如人体碰到电源线）时，能自动跳闸来切断本路电源，故对于容易出现漏电或触电的支路（如厨房、浴室支路），可使用漏电保护器作为分支开关。

　　分支开关的容量是以额定电流大小来规定的，一般小型断路器规格主要有 6A、10A、16A、20A、25A、32A、40A、50A、63A、80A、100A 等。在选择分支开关时，要求其容量大于所在支路负荷电流，一般要求其容量是支路负荷电流的两倍左右，容量过小，分支开关容易跳闸，容量过大，起不到过载保护作用，如果选用漏电保护器作为分支开关，**家庭用户一般选择保护动作电流为 30mA 的漏电保护器**。分支导线的截面积也由支路电器的负荷电流来决定，如果导线截面积过小，支路电流稍大导线就可能会被烧坏，如果条件许可，导线截面积可以选大一些，但过大会造成一定的浪费。

　　(1) 用计算法选择分支开关和导线

　　在选择分支开关容量和分支导线截面积时，可采用前述总开关容量和入户线截面积选择一样的方法，只要将每条支路看成是一个用户。

　　用计算法选择分支开关容量和分支导线截面积的步骤如下。

　　① 计算分支用电负荷功率 P_{js}

$$分支用电负荷功率\ P_{js}＝需求系数\ K_c×分支所有电器的总功率\ P_E$$

若某分支线路的电器总功率为 2kW，如果取 $K_c＝0.6$，那么该家庭的有功用电负荷功率

$$P_{js}＝K_c×P_E＝0.6×2kW＝1.2kW$$

　　② 计算分支用电负荷电流 I_{js}

$$分支用电负荷电流\ I_{js}＝\frac{分支用电负荷功率\ P_{js}}{电源电压\ U·\cos\phi}$$

如果取 $\cos\phi＝0.7$，那么分支用电负荷电流

$$I_{js}＝\frac{P_{js}}{U·\cos\phi}＝\frac{1.2kW}{220V×0.7}≈7.8A$$

　　③ 选择分支开关的容量　在选择分支开关的容量（额定电流）时，要求其大于分支用电负荷电流，一般取两倍左右的负荷电流，因此分支开关的额定电流应大于 $2I_{js}＝2×7.8A＝15.6A$，由于断路器和漏电保护器的规格没有 15.6A，故选择容量为 16A 断路器或漏电保护器作为该分支开关。

　　④ 分支导线截面积的选择　分支导线截面积可根据 1A 电流对应 $0.275mm^2$ 截面积的经验值选择塑料铜导线。上例中的 $I_{js}＝7.8A$，根据经验值可计算出塑料铜导线的截面积为 $7.8×0.275mm^2≈2.145mm^2$，按 $1.5～2.0$ 倍的余量，即可选择截面积在 $3～4mm^2$ 左右的塑料铜导线作为该路分支导线。

　　(2) 用经验法选择分支开关和导线

　　用计算法选择分支开关和导线虽然精确度高一些，但比较麻烦，一般情况下，也可直接参照一些经验值来选择分支开关和导线。

　　下面列出了一些分支开关和导线选择的经验数据。

　　① 照明线路　选择 10A 或 16A 的断路器，导线截面积选择 $1.5～2.5mm^2$。

② 普通插座线路 选择 16A 或 20A 的断路器或漏电保护器，导线截面积选择 2.5～4mm²。

③ 空调及浴霸等大功率线路 选择 25A 或 32A 的断路器或漏电保护器，导线截面积选择 4～6mm²。

5.4 配电箱的安装与支路走线规划

5.4.1 配电箱的外形与结构

家用配电箱种类很多，图 5-7 是一种常用的家用配电箱，拆下前盖后，可以看见配电箱的内部结构，如图 5-7(d) 所示，中部有一个导轨，用于安装断路器和漏电保护器，上部有两排接线柱，分别为地线（PE）公共接线柱和零线（N）公共接线柱。

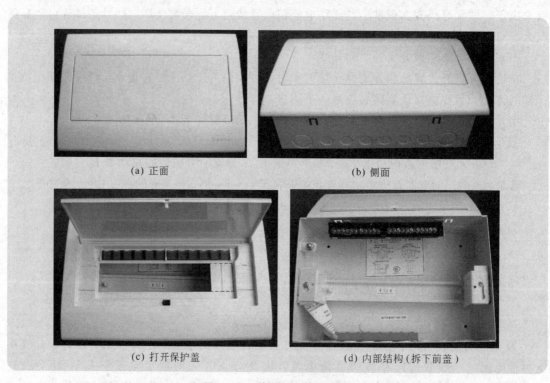

(a) 正面   (b) 侧面

(c) 打开保护盖   (d) 内部结构(拆下前盖)

图 5-7 一种常用家用配电箱

图 5-8 是一个已经安装了配电电器并接线的配电箱（未安装前盖）。

5.4.2 配电电器的安装与接线

在配电箱中安装的配电电器主要有断路器和漏电保护器，在安装这些配电电器时，需要将它们固定在配电箱内部的导轨上，再给配电电器接线。

图 5-9 是配电箱线路原理图，图 5-10 是与之对应的配电箱的配电电器接线示意图。三根入户线（L、N、PE）进入配电箱，其中 L、N 线接到总断路器的输入端。而 PE 线直接接到地线公共接线柱（所有接线柱都是相通的），总断路器输出端的 L 线接到 3 个漏电保护器的 L 端和 5 个 1P 断路器的输入端，总断路器输出端的 N 线接到 3 个漏电保护器的 N 端和零线公共接线柱。在输出端，每个漏电保护器的 2 根输出线（L、N）和 1 根由地线公共接线柱引来的 PE 线组成一个分支线路，而单极断路器的 1 根输出线（L）和 1 根由零线公共

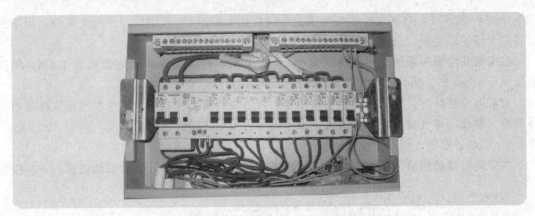

图 5-8 一个已经安装配电电器并接线的配电箱

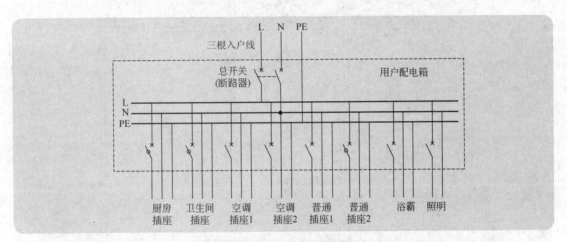

图 5-9 配电箱线路原理图

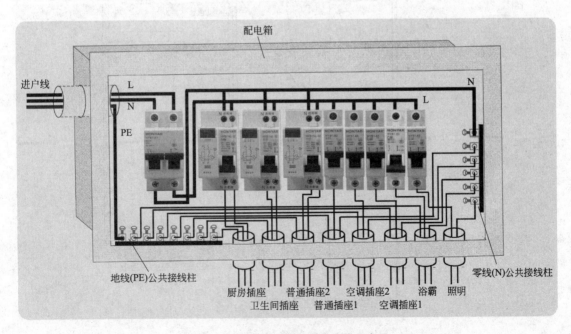

图 5-10 配电箱的配电电器接线示意图

接线柱引来的 N 线，再加上 1 根由地线公共接线柱引来的 PE 线组成一个分支线路，由于照明线路一般不需地线，故该分支线路未使用 PE 线。

在安装住宅配电箱时，当箱体高度小于 **60cm** 时，箱体下端距离地面宜为 **1.5m**，箱体高度大于 **60cm** 时，箱体上端距离地面不宜大于 **2.2m**。

在配电箱接线时，对导线颜色也有规定：相线应为黄、绿或红色，单相线可选择其中一种颜色；零线（中性线）应为浅蓝色；保护地线应为绿、黄双色导线。

5.4.3　照明线路的走向及连接规划

在安装实际线路前，需要先规划好住宅各处的开关、插座和灯具的安装位置。照明线路

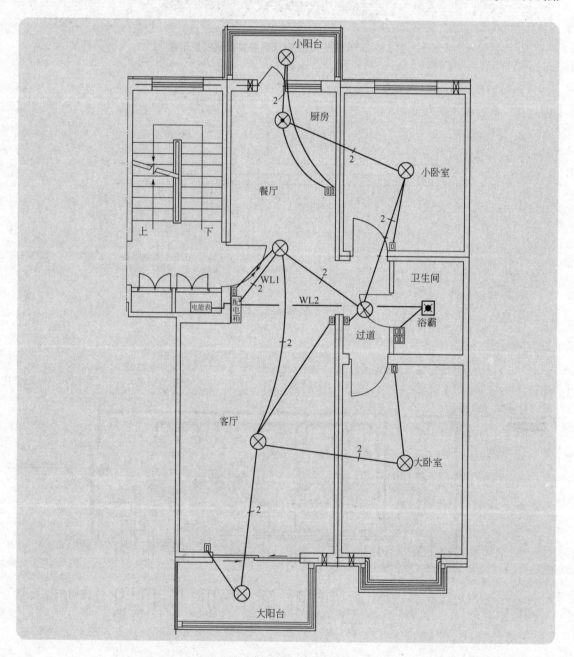

图 5-11　照明线路采用走顶方式

包括普通照明线路 WL1 和具有取暖和照明功能的浴霸线路 WL2。照明线路可采用走顶方式，也可以采用走地方式，如果室内采用吊顶装修，可以采用线路走顶方式，将线路安排在吊顶内，不用在地面开槽埋设布线管，能节省线路安装的工作量，一般情况下可采用线路走地方式。

（1）照明线路的走顶与连接

照明线路走顶是指将照明线路敷设在房顶、导线分支接点安排在灯具安装盒（又称底盒）内的走线方式。 如图 5-11 所示的二室二厅的照明线路采用走顶方式。

① 普通照明线路 WL1　配电箱的照明支路引出 L、N 两根导线，连接到餐厅的灯具安装盒，L、N 导线再分作两路：一路连接到客厅（客厅）的灯具安装盒，另一路连接到过道的灯具安装盒。连到客厅灯具安装盒的 L、N 导线又分作两路：一路连接到客厅阳台的灯具安装盒，另一路连接到大卧室的灯具安装盒。连到过道灯具安装盒的 L、N 导线又去连接小卧室的灯具安装盒，L、N 线连接到小卧室灯具安装盒后，再依次去连接厨房的灯具安装盒和小阳台的灯具安装盒。每个灯具都受开关控制，各处灯具的控制开关位置如图 5-11 所示，其中厨房灯具和小阳台灯具的控制开关安装在一起。

普通照明线路 WL1 采用走顶方式的灯具和开关接线如图 5-12 上方部分所示。配电箱到灯具安装盒、灯具安装盒到开关安装盒和灯具安装盒之间的连接导线都穿在护管（塑料管或钢管）中，这样导线不易损伤；护管中的导线不允许出现接头，导线的连接点应放在灯具安装盒和开关安装盒中；灯具安装盒内的零线直接接灯具的一端，而相线先引入开关安装盒，

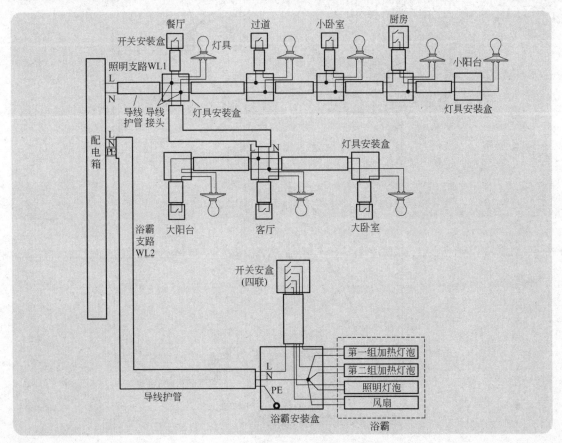

图 5-12　照明线路采用走顶方式的接线

经开关后返回灯具安装盒,再接灯具的另一端。

② 浴霸线路 WL2 浴霸是浴室用于取暖和照明的设备,它由两组加热灯泡、一个照明灯泡和一个排风扇组成,故浴霸要受四个开关控制。

浴霸线路采用走顶方式的灯具和开关接线如图 5-12 下方部分所示,配电箱的浴霸支路引出 L、N 和 PE 三根导线,连接到卫生间的浴霸安装盒,PE 导线直接接安装盒中的接地点,N 导线与 4 根导线接在一起,这 4 根导线分别接浴霸的两组加热灯泡、一个照明灯泡和一个排气扇的一端,L 导线先引到开关安装盒,经 4 个开关一分为四后,4 根导线从开关安装盒返回到浴霸安装盒,分别接浴霸的两组加热灯泡、一个照明灯泡和一个排气扇的另一端。

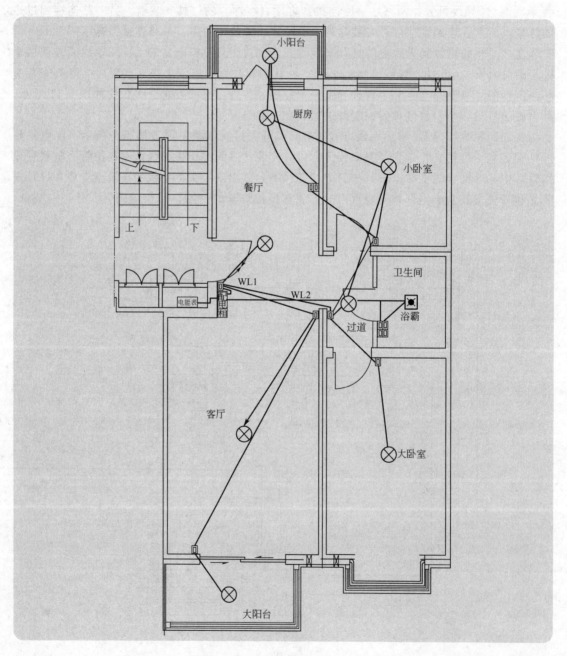

图 5-13 照明线路采用走地方式

（2）照明线路的走地与连接

照明线路走地是指将照明线路敷设在地面、导线分支接点安排在开关安装盒内的走线方式。 如图5-13所示的二室二厅的照明线路采用走地方式。

① 普通照明线路WL1　配电箱的照明支路引出L、N两根导线，连接到餐厅的开关安装盒，开关安装盒内的L、N导线再分作三路：一路连接到客厅（客厅）的开关安装盒，另一路连接到过道的开关安装盒，还有一路连接到餐厅灯具安装盒。连到客厅开关安装盒的L、N导线又分作两路：一路连接到客厅大阳台的开关安装盒，另一路连接到客厅的灯具安装盒。连到过道开关安装盒的L、N导线分作三路：一路连接到大卧室的开关安装盒，一路连接到过道的灯具安装盒，还有一路连接到小卧室的开关安装盒。连接到小卧室开关安装盒的L、N线分作两路：一路连接到本卧室的灯具安装盒，另一路连接到厨房和小阳台的开关安装盒。

普通照明线路WL1采用走地方式的灯具和开关接线如图5-14上方部分所示，导线的分支接点全部安排在开关盒内。

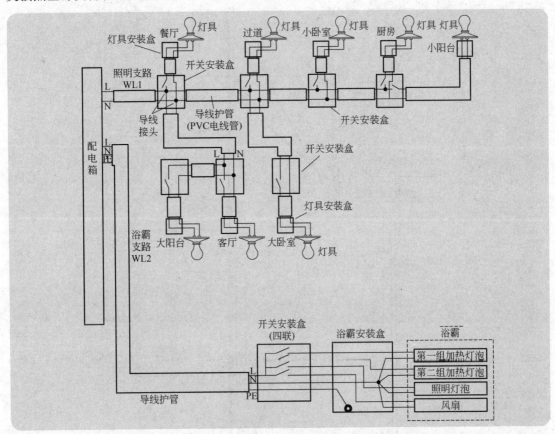

图5-14　照明线路采用走地方式的接线

② 浴霸线路WL2　浴霸线路采用走地方式的灯具和开关接线如图5-14下方部分所示，配电箱的浴霸支路引出L、N和PE三根导线，连接到卫生间的浴霸开关安装盒，N、PE线直接穿过开关安装盒接到浴霸安装盒，而L线在开关安装盒中分成4根，分别接4个开关后，4根L线再接到浴霸安装盒，在浴霸安装盒中，N导线分成4根，它与4根L线组成4对线，分别接浴霸的两组加热灯泡、一个照明灯泡和一个排气扇，PE线接安装盒的接地点。

5.4.4 插座线路的规划

除灯具由照明线路直接供电外，其他家用电器供电都来自插座。由于插座距离地面较近，故插座线路通常采用走地方式。

如图 5-15 所示为二室二厅的插座线路的各插座位置和线路走向图，它包括普通插座线路 WL3、普通插座线路 WL4、卫生间插座线路 WL5、厨房插座线路 WL6、空调插座线路 WL7、空调插座线路 WL8。

普通插座 1 线路 WL3：配电箱的普通插座 1 支路引出 L、N 和 PE 三根导线→客厅左上

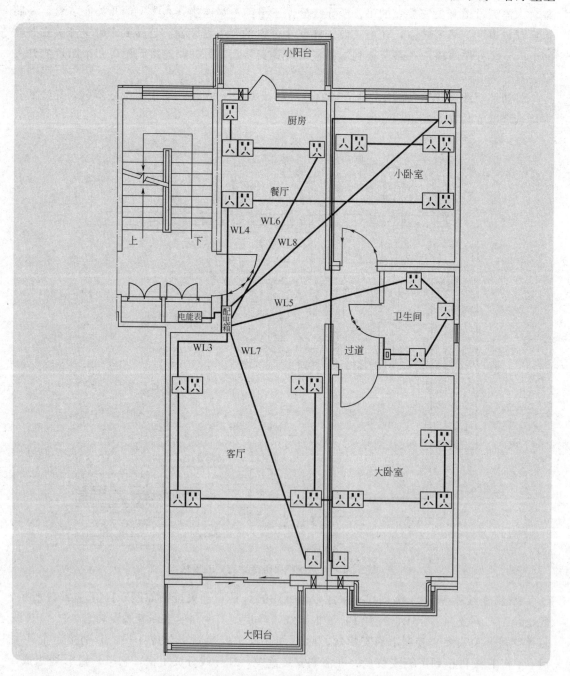

图 5-15 插座线路的各插座位置和线路走向图

插座→客厅左下插座→客厅右下插座，分作两路，一路连接客厅右上插座结束，另一路连接大卧室左下插座→大卧室右下插座→大卧室右上插座结束。

普通插座2线路WL4：配电箱的普通插座2支路引出L、N和PE三根导线→餐厅插座→小卧室右下插座→小卧室右上插座→小卧室左上插座。

卫生间插座线路WL5：配电箱的卫生间插座支路引出L、N和PE三根导线→卫生间上方插座→卫生间右中插座→卫生间下方插座及该插座控制开关。

厨房插座线路WL6：配电箱的厨房插座支路引出L、N和PE三根导线→厨房右下插座→厨房左下插座→厨房左上插座。

空调插座1线路WL7：配电箱的空调插座1支路引出L、N和PE三根导线→客厅右下角插座（柜式空调）。

空调插座2线路WL8：配电箱的空调插座2支路引出L、N和PE三根导线→小卧室右上角插座→大卧室左下角插座。

插座线路的各插座间的接线如图5-16所示，插座接线要遵循"左零（N）、右相（L）、中间地（PE）"规则，如果插座要受开关控制，相线应先进入开关安装盒，经开关后回到插座安装盒，再接插座的右极。

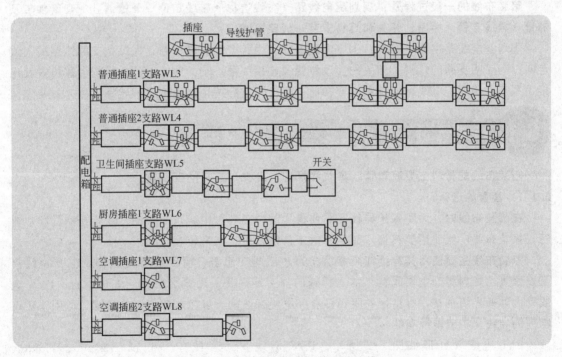

图5-16　插座线路的各插座间的接线

第 6 章
暗装布线

暗装布线是指导线穿入 PVC 管或钢管并埋设在楼板、顶棚和墙壁内的敷设方式。暗装布线通常与建筑施工同步进行，在建筑施工时将各种预埋件（如插座盒、开关盒、灯具盒、线管）埋设固定在设定位置，在施工完成后再进行穿线和安装开关、插座、灯具等工作。如果在建筑施工主体工作完成后进行暗装布线，就需要用工具在墙壁、地面开槽来放置线管和各种安装盒，再用水泥覆盖和固定。

暗装布线的一般过程是：规划配电线路→布线选材→布线定位→开槽凿孔→套管加工及铺管→导线穿管→插座、开关和灯具安装→线路测试。

规划配电线路主要内容有：①室内配电划分为几个分支路线路；②每条支路线路的大致走向；③照明支路的灯具、开关的大致位置及连接关系；④插座支路的插座的大致位置及连接关系等。规划配电线路的有关内容在前一章已作过介绍，这里不再叙述。

6.1 布线选材

暗装布线的材料主要有套管、导线和插座、开关、灯具的安装盒。

6.1.1 套管的选择

在暗装布线时，为了保护导线，需要将导线穿在套管中。布线常用的套管有钢管和塑料管，家装布线广泛使用塑料管，而钢管由于价格较贵，在家装布线时较少使用。

家装布线主要使用具有绝缘阻燃功能的 **PVC 电工套管**，简称 **PVC 电线管**。PVC 电线管是以聚氯乙烯树脂为主要原料，加入特殊的加工助剂并采用热熔挤出的方法制得。PVC 电线管内外壁光滑平整，有良好的阻燃性能和电绝缘性能，可冷弯成一定的角度，适用于建筑物内的导线保护或电缆布线。

PVC 电线管外形如图 6-1 所示。PVC 电线管的管径有 $\phi16mm$、$\phi20mm$、$\phi25mm$、$\phi32mm$、$\phi40mm$、$\phi50mm$、$\phi63mm$、$\phi75mm$ 和 $\phi110mm$ 等规格。室内布线常使用 $\phi16 \sim \phi32mm$ 管径的 PVC 电线管，其中室内照明线路常用 $\phi16mm$、$\phi20mm$ 管，插座及室内主线路常用 $\phi25mm$ 管，进户线路或弱电线路常用 $\phi32mm$ 管。管径在 $\phi40mm$ 以上的 PVC 电线管主要用在室外配电布线。

为了保证选用 PVC 电线管合格时，可作如下检查。

① 管子外壁要带有生产厂标和阻燃标志。

② 在测试管子的阻燃性能时，可用火燃烧管子，火源离开后 30s 内火焰应自熄，否则为阻燃性能不合格产品。

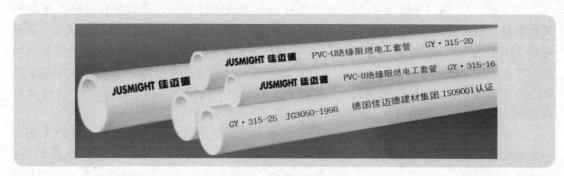

图 6-1　PVC 电线管

③ 在使用弯管弹簧弯管时，将管子弯成 90°、弯管半径为 3 倍管径时，弯曲后外观应光滑。

④ 用锤子将管子敲至变形，变形处应无裂缝。

如果管子通过以上检查，则为合格的 PVC 电线管。

6.1.2　导线的选择

室内布线使用绝缘导线。根据芯线材料不同，绝缘导线可分为铜芯线和铝芯线，铜导线电阻率小，导电性能较好，铝导线电阻率比铜导线稍大些，但价格低；根据芯线的数量不同，绝缘导线可分为单股线和多股线，多股线是由几股或几十股芯线绞合在一起形成的，常见的有 7、19、37 股等。单股和多股芯线的绝缘导线如图 6-2 所示。

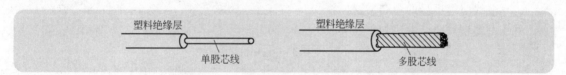

图 6-2　单股和多股芯线的绝缘导线

（1）室内配电常用导线的类型

室内配电主要使用的导线类型有 **BV 型**、**BVR 型**和 **BVV 型**。

① BV 型导线（单股铜导线）　B-布线用，V-聚氯乙烯绝缘。**BV 型导线又称聚氯乙烯绝缘导线，它用较粗硬的单股铜丝作为芯线**，BV 型导线如图 6-3 所示。导线的规格是以芯线的截面积来表示的，常用规格有 1.5mm² （BV-1.5）、2.5mm² （BV-2.5）、4mm² （BV-4）、6mm² （BV-6）、10mm² （BV-10）、16mm² （BV-16）等。

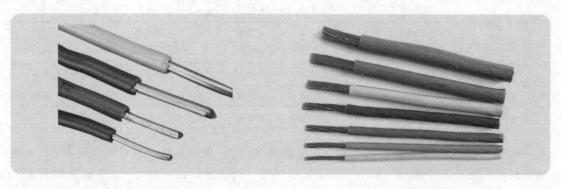

图 6-3　BV 型导线　　　　　　　　　　图 6-4　BVR 型导线

② BVR 型导线（多股铜导线）　B-布线用，V-聚氯乙烯绝缘，R-软导线。**BVR 型导线**又称聚氯乙烯绝缘软导线，它采用多股较细的铜丝绞合在一起作为芯线，其硬度适中，容易弯折。BVR 型导线如图 6-4 所示。BVR 型导线较 BV 型导线柔软性更好，容易弯折且不易断，故布线更方便，在相同截面积下，BVR 型导线安全载流量要稍大一些，BVR 型导线的缺点是接线容易出现不牢固，接线头最好进行挂锡处理，另外 BVR 型导线的价格要贵一些。

③ BVV 型导线（护套线）　B-布线用，V-聚氯乙烯绝缘，V-聚氯乙烯护套。**BVV 型导线**又称聚氯乙烯绝缘护套导线，BVV 型导线的外形与结构如图 6-5 所示。根据护套内导线的数量不同，可分为单芯护套线、两芯护套线和三芯护套线等。室内暗装布线时，由于导线已有 PVC 电线管保护，故一般不采用护套线，护套线常用于明装布线。

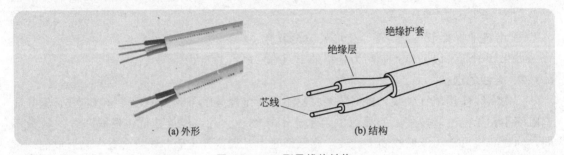

图 6-5　BVV 型导线的结构

（2）电线电缆型号的命名方法

电线电缆型号命名方法如下。

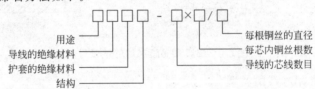

电线电缆型号中的字母意义见表 6-1。

表 6-1　电线电缆型号中的字母意义

分类代号或用途		绝　缘		护　套		派生特性	
符号	意义	符号	意义	符号	意义	符号	意义
A	安装线缆	V	聚氯乙烯	V	聚氯乙烯	P	屏蔽
B	布线缆	F	氟塑料	H	橡套	R	软
F	飞机用低压线	Y	聚乙烯	B	编织套	S	双绞
R	日用电器用软线	X	橡胶	L	蜡克	B	平行
Y	工业移动电器用线	ST	天然丝	N	尼龙套	D	带形
T	天线	B	聚丙烯	SK	尼龙丝	T	特种
		SE	双丝包				

例如 RVV-2×15/0.18，R 表示日用电器用线，VV 表示芯线、护套均采用聚氯乙烯绝缘材料，2 表示两条芯线，15 表示每条芯线有 15 根铜丝，0.18 表示每根铜丝的直径为 0.18mm。

（3）室内配电导线的选择

① 导线颜色选择 室内配电导线有红、绿、黄、蓝和黄绿双色五种颜色，如图 6-6 所示。我国住宅用户一般为单相电源进户，进户线有三根，分别是相线（L）、中性线（N）和接地线（PE），在选择进户线时，相线应选择黄、红或绿线，中性线选择淡蓝色线，接地线选择绿/黄双色线。三根进户线进入配电箱后分成多条支路，各支路的接地线必须为绿/黄双色线，中性线的颜色必须采用淡蓝色线，而各支路的相线可都选择黄线，也可以分别采用黄、绿、红三种颜色的导线，如一条支路的相线选择黄线，另一条支路的相线选择红线或绿线，支路相线选择不同颜色的导线，有利于检查区分线路。

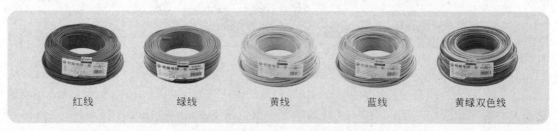

图 6-6 五种不同颜色的室内配电导线

② 导线截面积的选择 进户线一般选择截面积在 $10\sim20\text{mm}^2$ 左右的 BV 型或 BVR 型导线；照明线路一般选择截面积为 $1.5\sim2.5\text{mm}^2$ 的 BV 型或 BVR 型导线；普通插座一般选择截面积 $2.5\sim4\text{mm}^2$ BV 型或 BVR 型导线；空调及浴霸等大功率线路一般选择截面积为 $4\sim6\text{mm}^2$ BV 型或 BVR 型导线。

6.1.3 插座、开关、灯具安装盒的选择

插座、开关、灯具的安装盒又称底盒，在暗装时，先将安装盒嵌装在墙壁内，然后在安装盒上安装插座、开关、灯具。

（1）开关插座安装盒

开关与插座的安装盒是通用的。市场上使用的开关插座主要规格有 86 型、118 型和120 型。

① 86 型开关插座 其正面一般为 86mm×86mm 正方形，但也有个别产品可能因外观设计导致大小稍有变化，但安装盒是一样的。86 型开关插座安装盒及常见可安装的开关插座如图 6-7 所示。在 86 型基础上，派生出 146 型（146mm×86mm）多联开关插座。86 型

图 6-7 86 型安装盒及开关插座

开关插座使用最为广泛。

②120型开关插座　其正面为74mm×120mm纵向长方形，采用纵向安装，120型安装盒及开关插座如图6-8所示。在120型基础上，派生出120mm×120mm大面板，以便组合更多的开关插座。120型开关插座起源于日本，在台湾地区和浙江省较为常见。

图6-8　120型安装盒及开关插座

③118型开关插座　其正面为118mm×74mm横向长方形，采用横向安装，118型安装盒及开关插座如图6-9所示。在118型基础上，派生出156mm×74mm，200mm×74mm两种加长配置，以便组合更多的开关插座。118型开关插座是120型标准进入中国后，国内厂家按中国人习惯仿制产生的，118型和120型普通型安装盒具有通用性，安装时只要改变安装盒的方向即可。118型开关在湖北、重庆两省市较为常见。

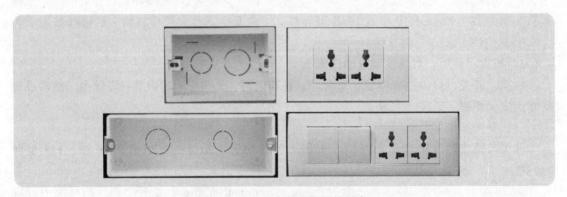

图6-9　118型安装盒及开关插座

根据安装方式不同，开关插座安装盒可分为暗装盒和明装盒，暗装盒嵌入墙壁内，明装盒需要安装在墙壁表面，因此明装盒的底部有安装固定螺钉的孔。图6-10列出了两种开关插座明装盒。

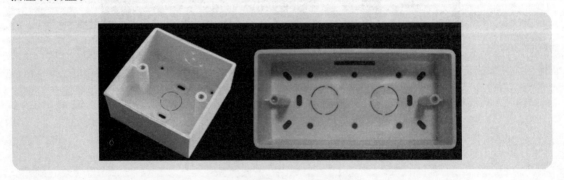

图6-10　开关插座的明装盒

（2）灯具安装盒

灯具安装盒简称灯头盒，图6-11列出了一些灯具安装盒及灯座，对于无通孔的安装盒，安装时需要先敲掉盒上的敲落孔，再将套管穿入盒内，导线则通过套管进入盒内。

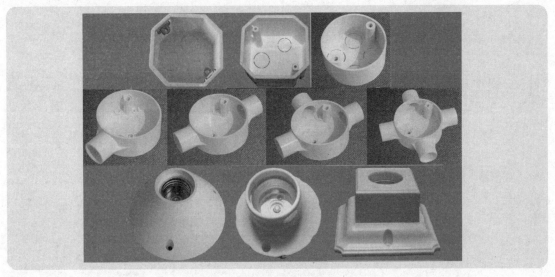

图 6-11 一些灯具安装盒及灯座

6.2 布线定位与开槽

布线定位是家装配电一个非常重要的环节，良好的布线定位不但可以节省材料，还可以减少布线的工作量。布线定位主要内容有：①确定灯具、开关、插座在室内各处的具体安装位置，并在这些位置做好标记；②确定线路（布线管）的具体走向，并作好走线标记。

6.2.1 确定灯具、开关、插座的安装位置

（1）确定灯具的安装位置

灯具安装位置没有硬性要求，一般安装在房顶中央位置，也可以根据需要安装在其他位置，灯具的高度以人体不易接触到为佳。 在室内安装壁灯、床头灯、台灯、落地灯、镜前灯等灯具时，如果高度低于2.4m，灯具的金属外壳均应接地以保证使用安全。

（2）确定开关的安装位置

开关的安装位置有如下要求。

① 开关的安装高度应距离地面约1.4m，距离门框约20cm，如图6-12所示。

② 控制卫生间内的灯具开关最好安装在卫生间门外，若安装在卫生间，应使用防水开关，这样可以避免卫生间的水汽进入开关，影响开关寿命或导致事故。

③ 开敞式阳台的灯具开关最好安装在室内，若安装在阳台，应使用防水开关。

（3）确定插座的安装位置

插座的安装位置有如下要求。

① 客厅插座距离地面大于30cm。

② 厨房/卫生间插座距离地面约1.4m。

③ 空调插座距离地面约1.8m。

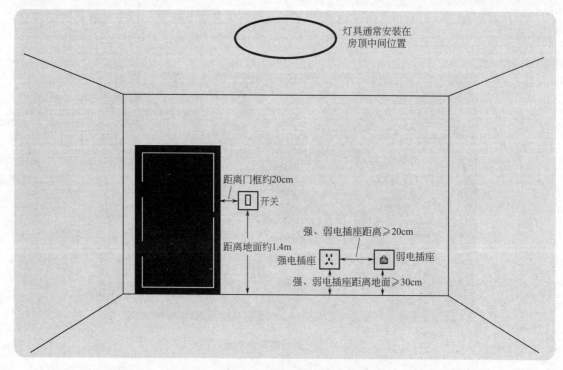

图 6-12　灯具、开关和插座合理安装位置

④ 卫生间、开敞式阳台内应使用防水插座。

⑤ 卧室床边的插座要避免床头柜或床板遮挡。

⑥ 强、弱电插座之间的距离应大于 20cm，以免强电干扰弱电信号，如图 6-12 所示。

⑦ 同一室内的电源、电话、电视等插座面板应在同一水平标高上，高度差应小于 5mm。

⑧ 插座可以多装，最好房间每面墙壁都装有插座。

6.2.2　确定线路（布线管）的走向

配电箱是室内线路的起点，室内各处的开关、插座和灯具是线路要连接的终点。

在确定走线时应注意以下要点。

① 走线要求横平竖直，路径短且美观实用，走线尽量减少交叉和弯折次数。如果为了节省材料和工时而随心所欲走线（特别是墙壁），在线路封埋后很难确定线路位置，在以后的一些操作（如钻孔）时可能会损伤内部的线管。图 6-13 列出一些较常见的地面和墙壁走线。

② 强电和弱电不要同管槽走线，以免形成干扰，强电和弱电的管槽之间的距离应在 20cm 以上。如果强电和弱电的线管必须要交叉，应在交叉处用铝箔包住线管进行屏蔽，如图 6-14 所示。

③ 电线与暖气、热水、煤气管之间的平行距离不应小于 30cm，交叉距离不应小于 10cm。

④ 梁、柱和承重墙上尽量不要设计横向走线，若必须横向走线，长度不要超过 20cm，以免影响房屋的承重结构。

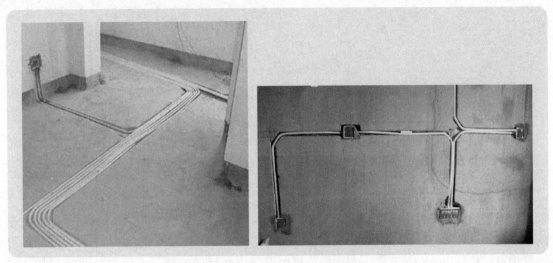

图 6-13 一些常见的地面和墙壁走线

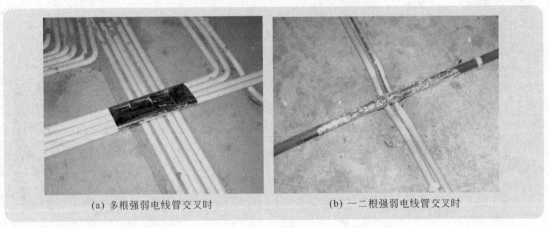

(a) 多根强弱电线管交叉时   (b) 一二根强弱电线管交叉时

图 6-14 强弱电线管交叉时用铝箔作屏蔽处理

6.2.3 画线定位

在灯具、开关、插座的安装位置和线路走向时，需要用笔（如粉笔、铅笔）和弹线工具在地面和墙壁画好安装位置和走线标志，以便在这些位置开槽凿孔，埋设电线管。在地面和墙壁画线的常用辅助工具有水平尺和弹线器。

（1）用水平尺画线

水平尺主要用于画较短的直线。图 6-15（a）是一种水平尺，它有水平、垂直和斜向 45°三个玻璃管，每个玻璃管中有一个气泡，在水平尺横向放置时，如果横向玻璃管内的气泡处于正中间位置时，表明水平尺处于水平位置，沿水平尺可画出水平线，在水平尺纵向放置时，如果纵向玻璃管内的气泡处于正中间位置时，表明水平尺处于垂直位置，沿水平尺可画出垂直线，在水平尺斜向放置时，如果斜向玻璃管内的气泡处于正中间位置时，表明水平尺处于与水平（或垂直）成 45°夹角的方向，沿水平尺可画出 45°直线。利用水平尺画线如图 6-15（b）所示。

（2）用弹线器画线

弹线器画线主要用于画较长的直线。图 6-16（a）是一种弹线器，又称墨斗，在使用时，

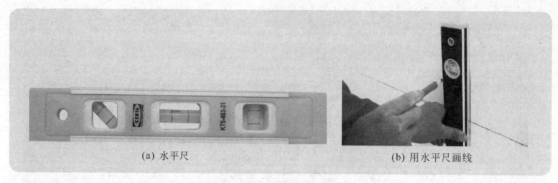

(a) 水平尺　　　　　　　　　　　(b) 用水平尺画线

图 6-15　水平尺及使用

先将弹线器的固定端针头插在待画直线的起始端，然后压住压墨按钮同时转动手柄拉出墨线，到达合适位置后一只手拉紧墨线，另一只手往垂直方向拉起墨线，再松开，墨线碰触地面或墙壁，就画出了一条直线。利用弹线器画线如图 6-16（b）所示。图 6-17 列出一些地面及墙壁上画的定位线。

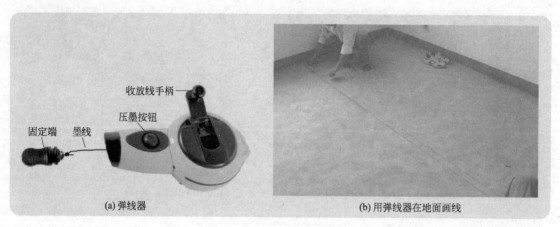

(a) 弹线器　　　　　　　　　　　(b) 用弹线器在地面画线

图 6-16　弹线器及使用

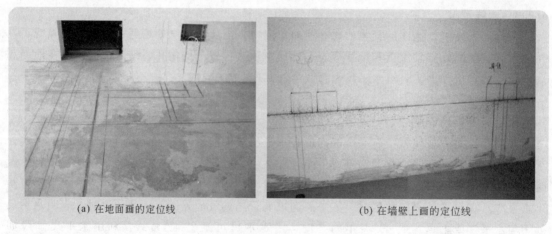

(a) 在地面画的定位线　　　　　　(b) 在墙壁上画的定位线

图 6-17　地面及墙壁上的定位线

6.2.4　开槽

在墙壁和地面上画好铺设电线管和开关插座的定位线后，就可以进行开槽操作，**开槽常**

用工具有云石切割机、钢凿和电锤，如图 6-18 所示。

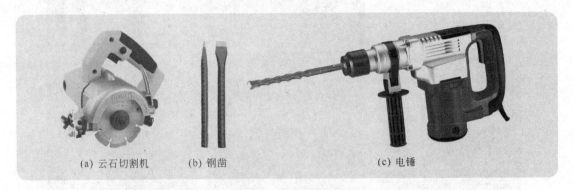

(a) 云石切割机　　　(b) 钢凿　　　　　　　(c) 电锤

图 6-18　开槽常用工具

在开槽时，先用云石切割机沿定位线切割出槽边沿，其深度较电线管直径约深 5～10mm，然后用钢凿或电锤将槽内的水泥砂石剔掉。用云石切割机割槽如图 6-19 所示。用电锤剔槽如图 6-20 所示。用钢凿剔槽如图 6-21 所示。一些已开好的槽路如图 6-22 所示。

图 6-19　用云石机沿定位线割槽

图 6-20　用电锤剔槽

图 6-21　用钢凿剔槽

图 6-22　一些已开好的槽路

6.3 线管的加工与敷设

6.3.1　线管的加工

线管加工包括断管、弯管和接管。

（1）断管

断管可以使用剪管刀或钢锯，如图 6-23 所示，由于剪管刀的刀口有限，无法剪切直径过大的 PVC 管，而钢锯则无此限制，但断管效率不如剪管刀。

在用剪管刀剪切 PVC 管时，打开剪管刀手柄，将 PVC 管放人刀口内，如图 6-24 所示，握紧手柄并转动管子，待刀口切入管壁后用力握紧手柄将管子剪断。不管是剪断还是锯断 PVC 管，都应将管口修理平整。

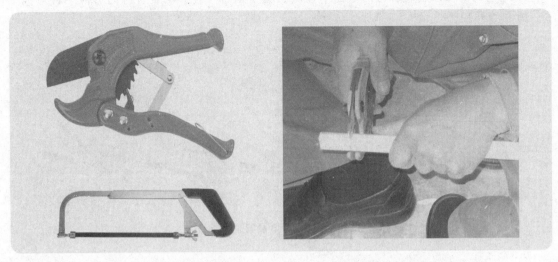

图 6-23 剪管刀和钢锯　　　　　　　　　图 6-24 用剪管刀断管

（2）弯管

PVC 管不能直接弯折，需要借助弯管工具来弯管，否则容易弯瘪。

① 冷弯　**对于 φ16～φ32cm 的 PVC 管，可使用弯管弹簧或弯管器进行冷弯。**

弯管弹簧及弯管操作如图 6-25 所示，将弹簧插到管子需扳弯的位置，然后慢慢弯折管子至想要的角度，再取出弹簧。由于管子弯折处内部有弹簧填充，故不会弯折，考虑到管子的回弹性，管子弯折时的角度应比所需弯度小 15°，为了便于抽送弹簧，常在弹簧两端栓系上绳子或细铁丝。弯管弹簧常用规格有 1216（4 分）、1418（5 分）、1620（6 分）和 2025（1 寸），分别适用于弯曲 φ16cm、φ18cm、φ20cm 和 φ25cm 的 PVC 管。

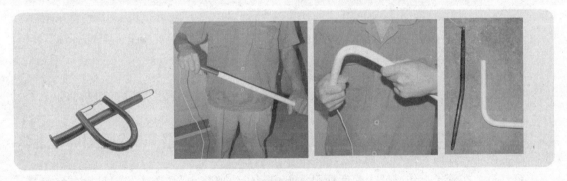

图 6-25 弯管弹簧及弯管操作

弯管器及弯管操作如图 6-26 所示，将管子插入合适规格的弯管器，然后用手扳动手柄，即可将管子弯成所需的弯度。

② 热弯　**对于 φ32cm 以上的 PVC 管采用热弯法弯管。**

在热弯时，对管子需要弯曲处进行加热，若有弹簧可先将弹簧插入管内，当管子变软后，马上将管子固定在木板上，逐步弯成所需的弯度，待管子冷却定型后，再将弹簧抽出，也可直接使用弯管器将管子弯成所需的弯度。对管子的加热可采用热风机，或者浸入 100～200℃ 的液体中，尽量不要将管子放在明火上烘烤。

在弯管时，要求明装管材的弯曲半径应大于 4 倍管外径，暗装管材的弯曲半径应大于 6～10 倍管外径。

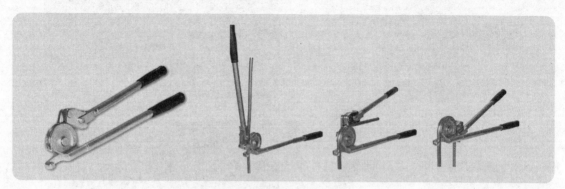

图 6-26　弯管器及弯管操作

（3）接管

PVC 管连接的常用方法有管接头连接法和热熔连接法。

① 管接头连接法　PVC 管常用的管接头如图 6-27 所示，为了使管子连接牢固且密封性能好，还要用到 PVC 胶水（黏剂），如图 6-28 所示。

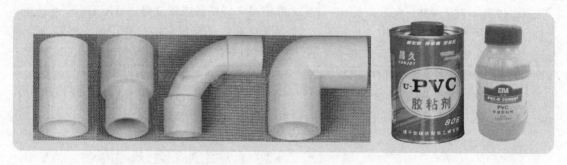

图 6-27　PVC 管常用的管接头　　　　　图 6-28　PVC 胶水

PVC 管的连接如图 6-29 所示，具体步骤如下。

第一步：选用钢锯、割刀或专用 PVC 断管器，将管子按要求长度垂直切断，如图 6-29（a）所示。

第二步：用板锉将管子断口处毛刺和毛边去掉，并用干布将管头表面的残屑、灰尘、水、油污擦净，如图 6-29（b）所示。

第三步：在管子上作好插入深度标记，再用刷子快速将 PVC 胶水均匀地涂抹在管接口的外表面和管接头的内表面，如图 6-29（c）所示。

第四步：将待连接的两根管子迅速插入管接口内并保持至少两分钟，以便胶水固化，如图 6-29（d）所示。

第五步：用布擦去管子表面多余的胶水，如图 6-29（e）所示。

② 热熔连接法　**热熔法是将 PVC 管的接头加热熔化再套接在一起。**在用热熔法连接 PVC 管时，常用到塑料管材熔接器（又称热熔器），如图 6-30 所示，图中的一套熔接器包括支架、熔接器、3 对（6 个）焊头、2 个焊头固定螺栓和一个内六角扳手。

用塑料管材熔接器连接 PVC 管的具体步骤如下。

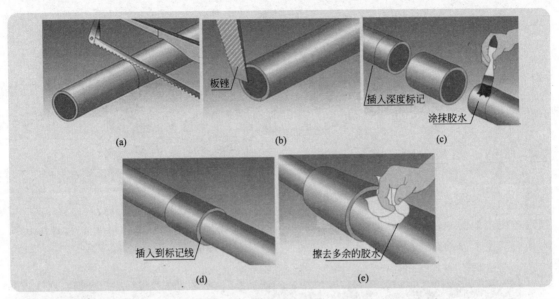

图 6-29 用管接头连接 PVC 管

图 6-30 塑料管材熔接器

第一步：将熔接器的支脚插入配套支架的固定槽内，在使用时用双脚踩住支撑架。

第二步：根据管子的大小选择合适的一对焊头（凸凹），用螺栓将焊头固定在熔接器加热板的两旁；冷态安装时螺栓不能拧太紧，否则在工作状态拆卸时易将焊头螺纹损坏；在工作状态更换焊头时，要注意安全；拆下焊头应妥善保管，不能损坏焊头表面的涂层，否则容易引起塑料黏结，影响管子的连接质量，缩短焊头寿命。

第三步：接通熔接器的电源，红色指示灯亮（加热），待红色指示灯熄灭、绿色指示灯亮时，即可开始工作。

第四步：将一根管子套在凸焊头的外部，另一根管子插入凹焊头的内部，如图 6-31 所示，并加热数秒钟，再将两根管子迅速拔出，把一根管子垂直推入另一根已胀大的管子内，冷却数分钟即可；在推进时用力不宜过猛，以免管头弯曲。

6.3.2 线管的敷设

（1）地面直接敷设线管

对于新装修且后期需加很厚垫层的地面，可以不用在地面开槽，直接将电线管横平竖直

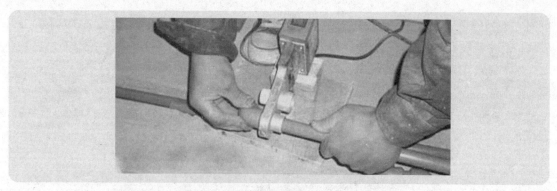

图 6-31　用塑料管材熔接器连接 PVC 管

铺在地面，如图 6-32 所示，如果有管子需交叉时，可在交叉处开小槽，将底下的管子往槽内压，确保上面的管子能平整。

图 6-32　地面直接敷设线管

图 6-33　槽内敷设线管

（2）槽内敷设线管

对于后期改造或垫层不厚的地面和墙壁，需要先开槽，再在槽内敷设电线管，如图 6-33。

（3）天花板敷设线管

由于灯具通常安装在天花板，故天花板也需要敷设线管。在天花板敷设线管分两种情况：一是天花板需要吊顶；二是天花板不吊顶。

如果天花板需要吊顶，可以将线管和灯具底盒直接明敷在房顶上，如图 6-34 所示，线管可用管卡固定住，然后用吊顶将线管隐藏起来。

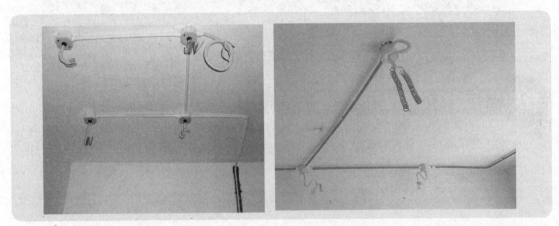

图 6-34　有吊顶的天花板敷设线管

如果天花板不吊顶且不批很厚的水泥砂浆，在敷设线管时，可以在房顶板开浅槽，再将管径小的线管铺在槽内并固定住，灯具底盒可不用安装，只需留出灯具接线即可，如图 6-35所示。

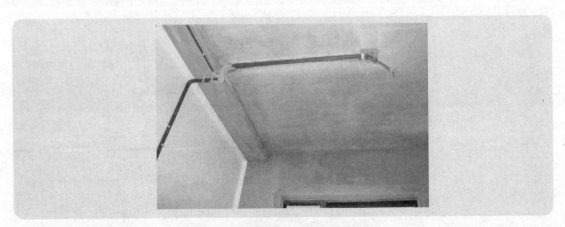

图 6-35　无吊顶的天花板敷设线管

（4）开关、插座底盒与线管的连接与埋设

在敷设线管时，线管要与底盒连接起来，为了使两者能很好连接，需要给底盒安装锁母，如图 6-36(a) 所示，它是由一个带孔的螺栓和一个管形环套组成。

在给底盒安装锁母时，先旋下环套上的螺栓，再敲掉底盒上敲落孔，螺栓从底盒内部往外伸出敲落孔，旋入敲落孔外侧的环套，底盒安装好锁母后，再将线管插入锁母，如

图 6-36(b)所示，使用锁母连接好并埋设在墙壁的底盒和线管如图 6-36(c) 所示。

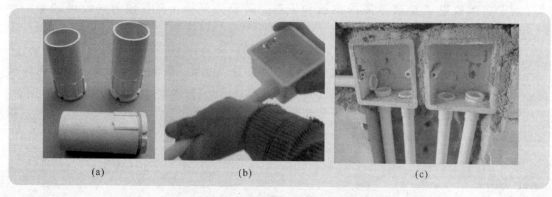

图 6-36　用锁母连接底盒与线管

6.4 导线穿管和测试

电线管敷设好后，就可以往管内穿入导线。对于敷设好的电线管，其两端开口分别位于

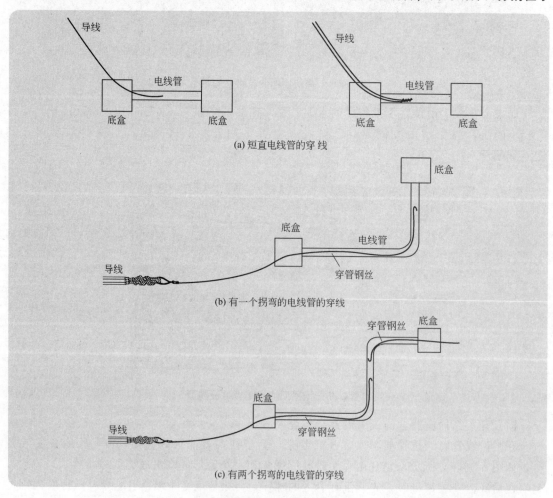

图 6-37　电线管穿线

首尾端的底盒，穿线时将导线从一个底盒穿入某电线管，再从该电线管另一端的底盒穿出来。

6.4.1　导线穿管的常用方法

在穿管时，可根据不同的情况采用不同的方法。

① 对于短直的电线管，如图 6-37(a) 所示，如果穿入的导线较硬，可直接将导线从底盒的电线管入口穿入，从另一个底盒的电线管出口穿出，如果是多根导线，可将导线的头部绞合在一起，再进行穿管。

② 对于有一个拐弯的电线管，如图 6-37(b) 所示，如果导线无法直接穿管，可使用直径为 1.2mm 或 1.6mm 的钢丝来穿管。将钢丝的端头弯成小钩，从一个底盒的电线管的入口穿入，由于管子有拐弯，在穿管时要边穿边转钢丝，以便钢丝能顺利穿过拐弯处。钢丝从另一个底盒的电线管穿出后，将导线绑在钢丝一端，在另一端拉出钢丝，导线也随之穿入电线管。

③ 对于有两个拐弯的电线管，如图 6-37(c) 所示，如果使用一根钢丝无法穿管，可使用两根钢丝穿管。先将一根端头弯成小钩的钢丝从一个底盒的电线管的入口穿入，边穿边转钢丝，同时在该电线管的出口处穿入另一根钢丝（端头也要弯成小钩），边穿边转钢丝，这两根钢丝转动方向要相反，当两根钢丝在电线管内部绞合在一起后，两根钢丝一拉一送，将一根钢丝完全穿过电线管，再将导线绑在钢丝一端，在另一端拉出钢丝，导线也随之穿入电线管。

图 6-38 列出了一些导线穿管完成图。

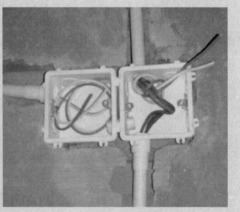

图 6-38　一些导线穿管完成图

6.4.2　导线穿管注意事项

在导线穿管时，要注意以下事项。

① 同一回路的导线应穿入同一根管内，但管内总根数不应超过 8 根，导线总截面积（包括绝缘外皮）不应超过管内截面积的 40%。

② 套管内导线必须为完整的无接头导线，接头应设在开关、插座、灯具底盒或专设的接、拉线底盒内。

③ 电源线与弱电线不得穿入同一根管内。

④ 当套管长度超过 15m 或有两个直角弯时，应增设一个用于拉线的底盒（如图 6-39 所示），拉线的底盒与开关插座底盒一样，但面板上无开关或插孔。

⑤ 在较长的垂直套管中穿线后，应在上方固定导线，防止导线在套管中下坠。

⑥ 在底盒中应留长度约 15cm 左右的导线，以便接开关、插座或灯具。

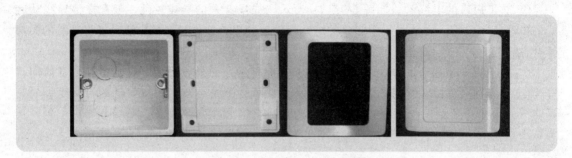

图 6-39　接、拉线底盒及面板

6.4.3　套管内的导线通断和绝缘性能测试

导线穿管后，为了检查导线在穿管时是否断线或绝缘层受损，可以用万用表和兆欧表对导线进行测试。

（1）套管内的导线通断测试

检测套管内的导线通断可使用万用表欧姆挡，测试如图 6-40 所示，两个底盒间穿入三根导线，将一个底盒中的三根导线剥掉少量绝缘层，将它们的芯线绞在一起，然后万用表拨至 $R×1Ω$ 挡，测量另一个底盒中任意两根导线间的电阻，比如测量 1、2 号两根线的电阻，若测得的阻值接近 $0Ω$，说明 1、2 号导线正常，若测得的阻值为无穷大，说明两根导线有断线，为了找出是哪一根线有断线，让接 1 号导线的表笔不动，将另一根表笔改接 3 号导线，若测得的阻值为 $0Ω$，则说明 2 号线开路。

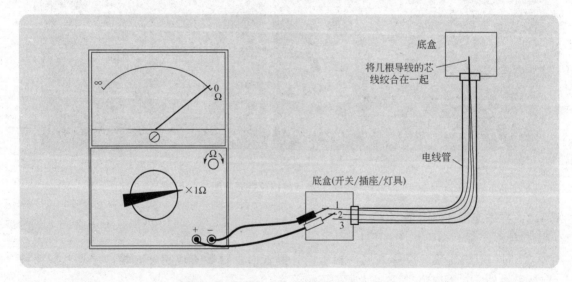

图 6-40　用万用表检测套管内的导线通断

（2）套管内的导线绝缘性能测试

检测套管内的导线绝缘性能使用兆欧表，测试如图 6-41 所示，两个底盒间穿入三根导

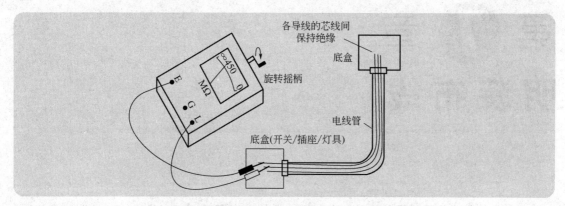

图 6-41 用兆欧表测试套管内的导线绝缘性能

线，让两个底盒中的导线间保持绝缘，用兆欧表在任意一个底盒中测量任意两根导线的芯线之间的绝缘电阻，导线的芯线间的正常绝缘电阻应大于 0.5MΩ，如果测得的绝缘电阻小于 0.5MΩ，则说明被测导线间存在漏电或短路，需要更换新导线。

第 7 章
明装布线

明装布线是指将导线沿着墙壁、天花板、梁柱等表面敷设的布线方式。在明装布线时，要求敷设的线路横平竖直、线路短且弯头少。由于明线布线是将导线敷设在建筑物的表面，故应在建筑物全部完工后进行。**明装布线的具体方式很多，常见的有电线槽布线、电线管布线、瓷夹板布线和线夹卡布线等。**

采用暗装布线的最大优点是可以将电气线路隐藏起来，使室内更加美观，但暗装布线成本高，并且线路更改难度大。与暗装布线相比，明装布线具有成本低、操作简单和线路更改方便等优点，一些简易建筑（如民房）或需新增加线路的场合常采用明装布线，由于明装布线直观简单，如果对布线美观要求不高，甚至略懂一点电工知识的人就可以进行。

7.1 线槽布线

线槽布线是一种较常用的住宅配电布线方式，它是将绝缘导线放在绝缘槽板（塑料或木质）内进行布线，由于导线有槽板的保护，因此绝缘性能和安全性较好。塑料槽板布线用于干燥场合做永久性明线敷设，或用于简易建筑或永久性建筑的附加线路。

布线使用的线槽类型很多，其中使用最广泛的为 PVC 电线槽布线，其外形如图 7-1 所示，方形电线槽截面积较大，可以容纳更多导线，半圆形电线槽虽然截面积要小一些，因其外形特点，用于地面布线时不易绊断。

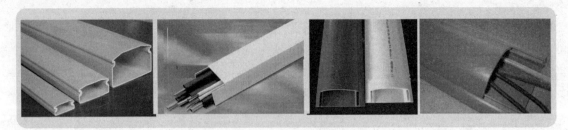

图 7-1　PVC 电线槽

7.1.1　布线定位

在线槽布线定位时，要注意以下几点。

① 先确定各处的开关、插座和灯具的位置，再确定线槽的走向。插座采用明装时距离地面一般为 1.3～1.8m，采用暗装时距离地面一般为 0.3～0.5m，普通开关安装高度一般为 1.3～1.5m，开关距离门框约 20cm 左右，拉线开关安装高度为 2～3m。

② 线槽一般沿建筑物墙、柱、顶的边角处布置，要横平竖直，尽量避开不易打孔的混凝梁、柱。

③ 线槽一般不要紧靠墙角，应隔一定的距离，紧靠墙角不易施工。

④ 在弹（画）线定位时，如图 7-2 所示，横线弹在槽上沿，纵线弹在槽中央位置，这样安装好线槽后就可将定位线遮拦住，使墙面干净整洁。

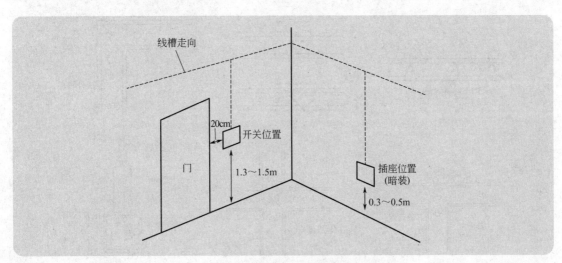

图 7-2　在墙壁上画线定位

7.1.2　线槽的安装

线槽安装如图 7-3 所示，先用钉子将电线槽的槽板固定在墙壁上，再在槽板内铺入导线，然后给槽板压上盖板即可。

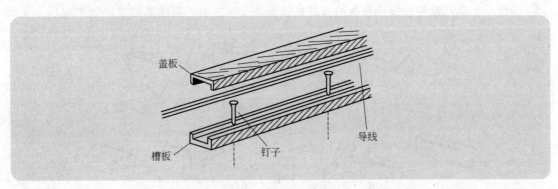

图 7-3　线槽外形与安装

在安装线槽时，应注意以下几个要点。

① 在安装线槽时，内部钉子之间相隔距离不要大于 50cm，如图 7-4(a) 所示。

② 在线槽连接安装时，线槽之间可以直角拼接安装，也可切割成 45° 拼接安装，钉子与拼接中心点距离不大于 5cm，如图 7-4(b) 所示。

③ 线槽在拐角处采用 45° 拼接，钉子与拼接中心点距离不大于 5cm，如图 7-4(c) 所示。

④ 线槽在 T 字形拼接时，可在主干线槽旁边切出一个凹三角形口，分支线槽切成凸三角形，再将分支线槽的三角形凸头插入主干线槽的凹三角形口，如图 7-4(d) 所示。

⑤ 线槽在十字形拼接时，可将四个线槽头部端切成凸三角形，再并接在一起，如图7-4(e)所示。

⑥ 线槽在与接线盒（如插座、开关底盒）连接时，应将二者紧密无缝隙地连接在一起，如图7-4(f)所示。

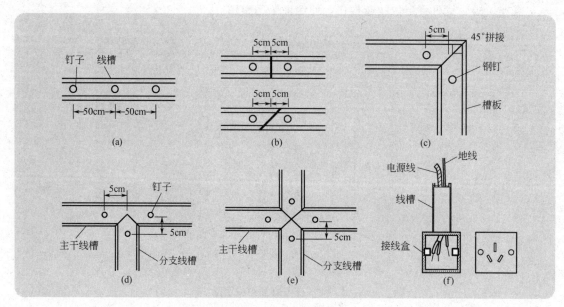

图7-4 线槽安装要点

7.1.3 用配件安装线槽

为了让线槽布线更为美观和方便，可采用配件来连接线槽。PVC电线槽常用的配件如图7-5所示，这些配件在线槽布线的安装位置如图7-6所示，要注意的是，该图仅用来说明

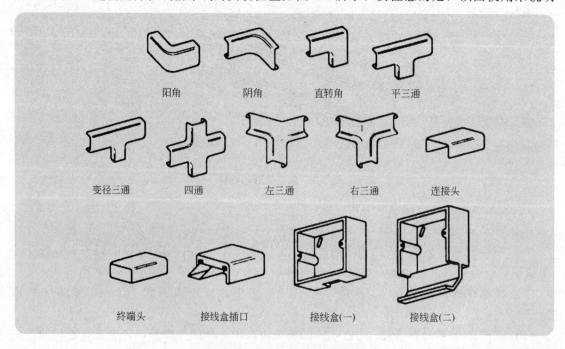

图7-5 PVC电线槽常用的配件

各配件在线槽布线时的安装位置，并不代表实际的布线。

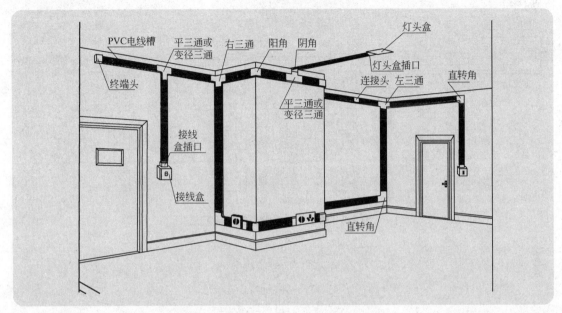

图 7-6　线槽配件在线槽布线时的安装位置

7.1.4　线槽布线的配电方式

在线管暗装布线时，由于线管被隐藏起来，故将配电分成多个支路并不影响室内整洁美观，而采用线槽明装布线时，如果也将配电分成多个支路，在墙壁上明装敷设大量的线槽，不但不美观，而且比较碍事。为适合明装布线的特点，线槽布线常采用区域配电方式。配电线路的连接方式主要有：①单主干接多分支方式；②双主干多分支方式；③多分支方式。

（1）单主干接多分支配电方式

单主干接多分支方式是一种低成本的配电方式，它是从配电箱引出一路主干线，该主干线依次走线到各厅室，每个厅室都用接线盒从主干线处接出一路分支线，由分支线路为本厅室配电。

单主干接多分支的配电方式如图 7-7 所示，从配电箱引出一路主干线（采用与入户线相同截面积的导线），根据住宅的结构，并按走线最短原则，主干线从配电箱出来后，先后依次经过餐厅、厨房、过道、卫生间、主卧室、客房、书房、客厅和阳台，在餐厅、厨房等合适的主干线经过的位置安装接线盒，从接线盒中接出分支线路，在分支线路上安装插座、开关和灯具。主干线在接线盒穿盒而过，接线时不要截断主干线，只要剥掉主干线部分绝缘层，分支线与主干线采用 T 形接线。在给带门的房室内引入分支线路时，可在墙壁上钻孔，然后给导线加保护管进行穿墙。

单主干接多分支方式的某房间走线与接线如图 7-8 所示。该房间的插座线和照明线通过穿墙孔接外部接线盒中的主干线，在房间内，照明线路的零线直接去照明灯具，相线先进入开关，经开关后去照明灯具，插座线先到一个插座，在该插座的底盒中，将线路中分作两个分支，分别去接另两个插座，导线接头是线路容易出现问题地方，不要放在线槽中。

（2）双主干接多分支方式

双主干接多分支方式是从配电箱引出照明和插座两路主干线，这两路主干线依次走线到

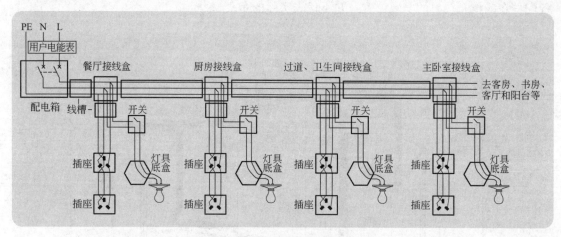

图 7-7　单主干接多分支的配电方式

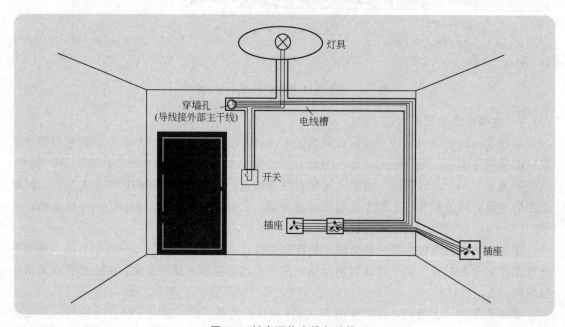

图 7-8　某房间的走线与接线

各厅室，每个厅室都用接线盒从两路主干线分别接出照明和插座支路线，为本厅室照明和插座配电。由于双主干接多分支配电方式要从配电箱引出两路主干线，同时配电箱内需要两个控制开关，故较单主干接多分支方式的成本要高，但由于照明和插座分别供电，当一路出现故障时可暂时使用另一路供电。

双主干接多分支的配电方式如图 7-9 所示，该方式的某房间走线与接线与图 7-8 是一样的。

（3）多分支配电方式

多分支配电方式是根据各厅室的位置和用电功率，划分为多个区域，从配电箱引出多路分支线路，分别供给不同区域。为了不影响房间美观，线槽明线布线通常使用单路线槽，而单路线槽不能容纳很多导线（在线槽明装布线时，导线总截面积不能超过线槽截面积的60%），故在确定分支线路的个数时，应考虑线槽与导线的截面积。

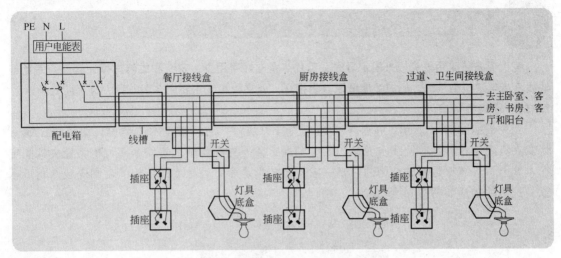

图 7-9　双主干接多分支的配电方式

　　多分支的配电方式如图 7-10 所示，它将一户住宅用电分为三个区域，在配电箱中将用电分作三条分支线路，分别用开关控制各支路供电的通断，三条支路共 9 根导线通过单路线槽引出。当分支线路 1 到达用电区域一的合适位置时，将分支线路 1 从线槽中引到该区域的接线盒，在接线盒再接成三路分支，分别供给餐厅、厨房和过道；当分支线路 2 到达用电区域二的合适位置时，将分支线路 2 从线槽中引到该区域的接线盒，在接线盒中接成三路分支，分别供给主卧室、书房和客房；当分支线路 3 到达用电区域三的合适位置时，将分支线路 3 从线槽中引到该区域的接线盒，在接线盒接成三路分支，分别供给卫生间、客厅和阳台。

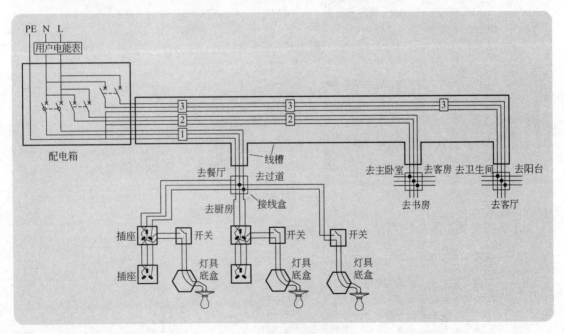

图 7-10　多分支的配电方式

　　由于线槽中导线的数量较多，为了方便区别分支线路，可每隔一段距离用标签对各分支线路作上标记。

7.2 瓷夹板布线

　　瓷夹板布线采用瓷夹板来固定导线，其优点是布线费用少，安装和维修方便，其缺点是绝缘导线直接与建筑物接触，机械强度低而容易损坏。瓷夹板布线主要用在用电量少且干燥的场合。

7.2.1 瓷夹板的安装

　　瓷夹板如图7-11所示。在使用瓷夹板安装导线时，若墙壁是木质结构，则可以用螺钉将瓷夹板固定；若是砖墙或水泥结构的，则通常需要先在墙壁上安装木塞，再将瓷夹板固定在木塞上。若墙壁是砖墙结构的，则一般安装矩形木塞；若是水泥结构的，则安装八角形木塞。这两种木塞如图7-12所示。

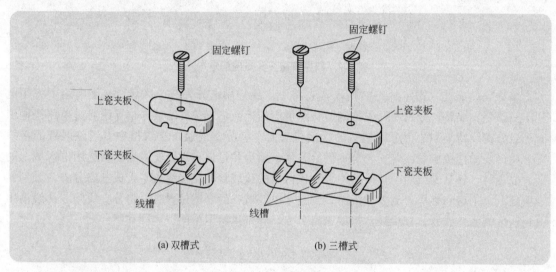

图 7-11 瓷夹板

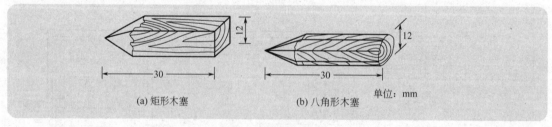

图 7-12 两种木塞

　　木塞的安装如图7-13所示，具体说明如下。

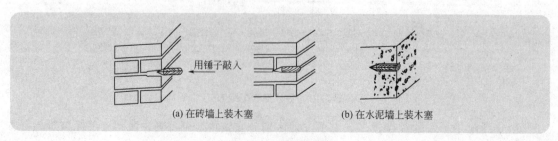

图 7-13 木塞的安装

① 用材质松的杉木削制出如图 7-12 所示的木塞。

② 用电锤或手电钻在墙壁上钻出一个直径为 10cm（较木塞直径小）、深度较木塞长的小孔。

③ 再用锤子将木塞锤入小孔。

7.2.2 瓷夹板布线要点

在使用瓷夹板布线时，应注意以下几个要点。

① 沿导线的走向每隔 80cm 安装一个瓷夹板，将导线压在夹板槽内，如图 7-14（a）所示。

② 遇到导线拐弯时，应在拐弯处各安装一个瓷夹板，瓷夹板到拐弯处的距离为 5～10cm，如图 7-14（b）所示。

③ 当有三根导线同行时，可使用三槽式瓷夹板，也可以使用双槽式，如图 7-14（c）所示。

④ 当导线出现交叉时，应在交叉处安装四个瓷夹板，并且在交叉的导线上套上硬塑管，如图 7-14（d）所示。

⑤ 当导线以 T 字形接出分支线时，应在分支处安装三个瓷夹板，并且在分支被跨过的导线上套上硬塑料管，塑料管的一端靠住瓷夹板，另一端靠住绝缘胶带，如图 7-14（e）所示。

⑥ 在导线进入插座前，要在距插座较近处安装一个瓷板夹，如图 7-14（f）所示。

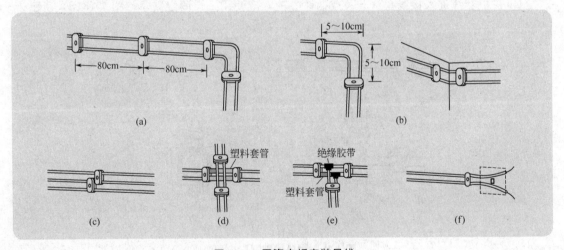

图 7-14 用瓷夹板安装导线

7.3 护套线布线

护套线是一种带有绝缘护套的两芯或多芯绝缘导线，它具有防潮、耐酸、耐腐蚀和安装方便且成本低等优点，可以直接敷设在墙壁、空心板及其他建筑物表面，但护套线的截面积较小，不适合大容量用电布线。

7.3.1 护套线及线夹卡

采用护套线进行室内布线时，对于铜芯导线，其截面积不能小于 1.5mm²；对于铝芯导线，其截面积不能小于 2.5mm²。在布线时，固定护套线一般用线夹卡。常见的线夹卡有铝片卡、单钉塑料线夹和双钉塑料线夹，如图 7-15 所示。

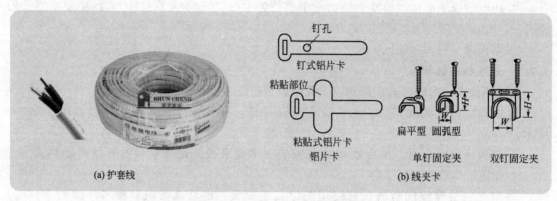

图 7-15　护套线及安装常用线夹卡

7.3.2　单钉夹安装护套线

单钉夹只有一个固定钉，其安装护套线方便快捷，但不如双钉夹牢固，因此安装时要注意一定的技巧。使用单钉夹安装护套线如图 7-16 所示，具体如下。

① 在用单钉夹固定护套线时，钉子应交替安排在导线的上、下方，如图 7-16(a) 所示。

② 在护套线转弯处，应在转弯前后各安排一个固定夹，如图 7-16(b) 所示。

③ 在护套线交叉处，应使用四个固定夹，如图 7-16(c) 所示。

④ 在护套线进入接线盒（开关或插座）前，应使用一个固定夹，如图 7-16(d) 所示。

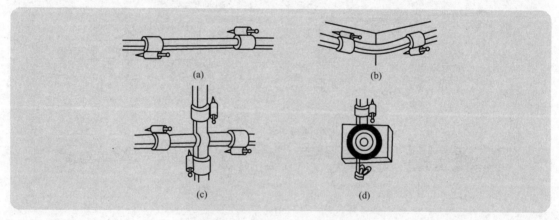

图 7-16　用单钉夹固定护套线

7.3.3　用铝片卡安装护套线

铝片卡又称钢精扎头，它有钉式和粘贴式两种，前者用铁钉进行固定，后者用粘合剂固定。在安装护套线时，先用铁钉或粘合剂将铝片卡固定在墙壁上，如图 7-17 所示。在钉铝片卡时要注意铝片卡之间的距离一般为 200～250mm，铝片卡与接线盒、开关的距离要近一些，约为 50mm。铝片卡安装好后，将护套线放在铝片卡上，再按如图 7-18 所示方法将护套线固定下来。

如图 7-19 所示是用铝片卡固定的室内配电线路。

用铝片卡安装护套线应注意以下几个要点。

① 护套线与天花板的距离为 50mm。

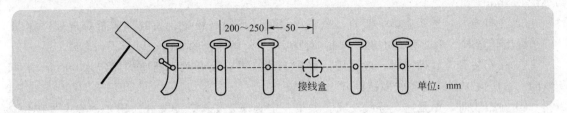

图 7-17 安装铝片卡

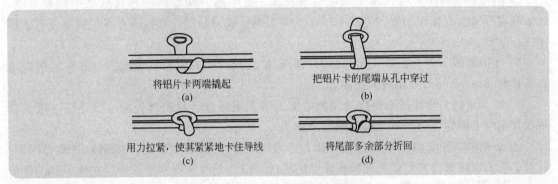

图 7-18 用铝片卡固定护套线

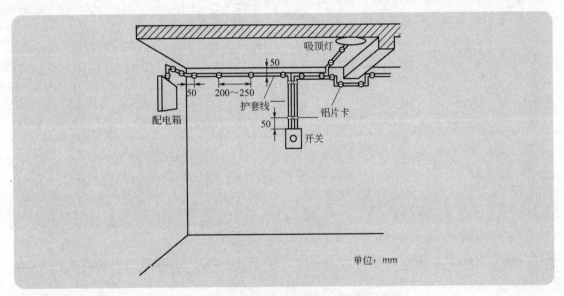

图 7-19 用铝片卡固定护套线的室内配电线路

② 铝片卡之间的正常距离为 200～250mm，铝片卡与开关、吸顶灯和拐角的距离要短些，约为 50mm。

③ 在导线分支、交叉处要安装铝片卡。

④ 导线分支接头尽量安排在插座和开关中。

7.3.4 护套线布线注意事项

在使用护套线布线时，要注意以下事项。

① 在使用护套线在室内布线时，规定铜芯导线的最小截面积不小于 $1.5mm^2$，铝芯不

小于 $2.5mm^2$。

② 在布线时，导线应横平竖直、紧贴敷设面，不得有松弛、扭绞和曲折等现象。在同一平面上转弯时，不能弯成死角，弯曲半径应大于导线外径的 6 倍，以免损伤芯线。

③ 在安装开关、插座时，应先固定好护套线，再安装开关、插座的固定木台，木台进线的一边应按护套线所需的横截面开出进线缺口。

④ 在布线时，尽量避免导线交叉，如果一定必须要交叉，交叉处应用 4 个线卡夹固定，两线卡距交叉处的距离约 50～100mm。

⑤ 塑料护套线不适合在露天环境明敷布线，也不能直接埋入墙壁抹灰层内暗敷布线，如果在空心楼板孔使用塑料护套线布线，不得损伤导线护套层，选择的布线位置应便于更换导线。

⑥ 在护套线与电气设备或线盒的连接时，护套层应引入设备或线盒内，并在距离设备和线盒约 50～100mm 处用线卡固定。

⑦ 如果塑料护套线需要跨越建筑物的伸缩缝和沉降缝，在跨越处的一段导线应做成弯曲状并用线卡固定，以留有足够伸缩的余量。

⑧ 如果塑料护套线需要与接地导体和不发热的管道紧贴交叉时，应加装绝缘管保护；如果塑料护套线敷设在易受机械操作影响的场所，应用钢管进行穿管保护；在地下敷设塑料护套线时，必须穿管保护；在与热力管道平行敷设时，其间距不得小于 1.0m，交叉敷设时，其间距不得小于 0.2m，否则必须对护套线进行隔热处理。

⑨ 塑料护套线严禁直接敷设在建筑物的顶棚内，以免发生火灾。

第8章
开关和插座的接线与安装

8.1 导线的剥削、连接和绝缘恢复

8.1.1 导线绝缘层的剥削

在连接绝缘导线前，需要先去掉导线连接处的绝缘层而露出金属芯线，再进行连接，剥离的绝缘层的长度约 50～100mm，通常线径小的导线剥离短些，线径粗的剥离长些。绝缘导线种类较多，绝缘层的剥离方法也有所不同。

（1）硬导线绝缘层的剥离

对于截面积在 0.4mm² 以下的硬绝缘导线，可以使用钢丝钳（俗称老虎钳）剥离绝缘层，具体如图 8-1 所示，其过程如下。

① 左手捏住导线，右手拿钢丝钳，将钳口钳住剥离处的导线，切不可用力过大，以免切伤内部芯线。

② 左、右手分别朝相反方向用力，绝缘层就会沿钢丝钳运动方向脱离。

如果剥离绝缘层时不小心伤及内部芯线，较严重时需要剪掉切伤部分的导线，重新按上述方向剥离绝缘层。

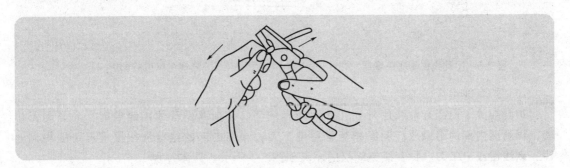

图 8-1 截面积在 0.4mm² 以下的硬绝缘导线绝缘层的剥离

对于截面积在 0.4mm² 以上的硬绝缘导线，可以使用电工刀来剥离绝缘层，具体如图 8-2所示，其过程如下。

① 左手捏住导线，右手拿电工刀，将刀口以 45°切入绝缘层，不可用力过大，以免切伤内部芯线，如图 8-2(a) 所示。

② 刀口切入绝缘层后，让刀口和芯线保持 25°，推动电工刀，将部分绝缘层削去，如图

8-2(b) 所示。

③ 将剩余的绝缘层反向扳过来，如图 8-2(c) 所示，然后用电工刀将剩余的绝缘齐根削去。

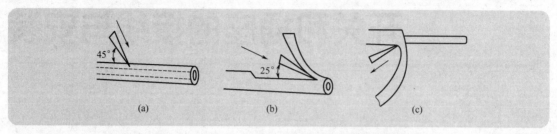

图 8-2 截面积在 0.4mm² 以上的硬绝缘导线绝缘层的剥离

（2）软导线绝缘层的剥离

剥离软导线的绝缘层可使用钢丝钳或剥线钳，但不可使用电工刀，因为软导线芯线有多股细线组成，用电工刀剥离很易切断部分芯线。用钢丝钳剥离软导线绝缘层的方法与剥离硬导线的绝缘层操作方法一样，这里只介绍如何用剥线钳剥离绝缘层，如图 8-3 所示，具体操作过程如下。

① 将剥线钳钳入需剥离的软导线。

② 握住剥线钳手柄作圆周运行，让钳口在导线的绝缘层上切成一个圆周，注意不要切伤内部芯线。

③ 往外推动剥线钳，绝缘层就会随钳口移动方向脱离。

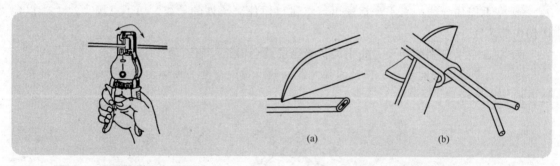

图 8-3 用剥线钳剥离绝缘层 　　　　图 8-4 护套线绝缘层的剥离

（3）护套线绝缘层的剥离

护套线除了内部有绝缘层外，在外面还有护套，**在剥离护套线绝缘层时，先要剥离护套，再剥离内部的绝缘层。剥离护套常用电工刀，剥离内部的绝缘层根据情况可使用钢丝钳、剥线钳或电工刀。**护套线绝缘层的剥离如图 8-4 所示，具体过程如下。

① 将护套线平放在木板上，然后用电工刀尖从中间划开护套，如图 8-4(a) 所示。

② 将护套线折弯，再用电工刀齐根削去，如图 8-4(b) 所示。

③ 根据护套线内部芯线的类型，用钢丝钳、剥线钳或电工刀剥离内部绝缘层。若芯线是较粗的硬导线，可使用电工刀；若是细硬导线，可使用钢丝钳；若是软导线，则使用剥线钳。

8.1.2 导线与导线的连接

当导线长度不够或接分支线路时，需要将导线与导线连接起来。**导线连接部位是线路的**

薄弱环节，正确进行导线连接可以增强线路的安全性、可靠性，使用电设备能稳定可靠的运行。在连接导线前，要求先去除芯线上污物和氧化层。

（1）铜芯导线之间的连接

① 单股铜芯导线的直线连接　单股铜芯导线的直线连接如图8-5所示，具体过程如下。

a. 将去除绝缘层和氧化层的两根单股导线作 X 形相交，如图8-5（a）所示。

b. 将两根导线向两边紧密斜着缠绕2～3圈，如图8-5（b）所示。

c. 将两根导线扳直，再各向两边绕6圈，多余的线头用钢丝钳剪掉，连接好的导线如图8-5（c）所示。

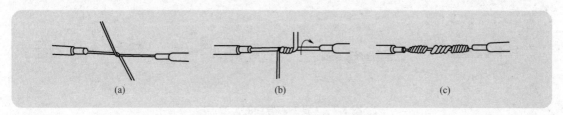

图 8-5　单股铜芯导线的直线连接

② 单股铜芯导线的 T 字形分支连接　单股铜芯导线的 T 字形分支连接如图8-6所示，具体过程如下。

a. 将除去绝缘层和氧化层的支路芯线与主干芯线十字相交，然后将支路芯线在主干芯线上绕一圈并跨过支路芯线（即打结），再在主干线上缠绕8圈，如图8-6（a）所示，多余的支路芯线剪掉。

b. 对于截面积小的导线，也可以不打结，直接将支路芯线在主干芯线缠绕几圈，如图8-6（b）所示。

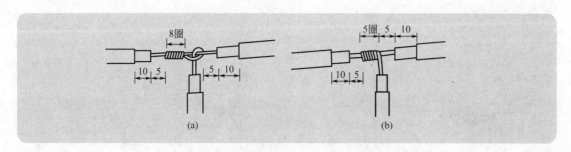

图 8-6　单股铜芯导线的 T 字形分支连接

③ 7 股铜芯导线的直线连接　7 股铜芯导线的直线连接如图8-7所示，具体过程如下。

a. 将去除绝缘层和氧化层的两根导线 7 股芯线散开，并将绝缘层旁约 2/5 的芯线段绞紧，如图8-7（a）所示。

b. 将两根导线分散成开的芯线隔根对叉，如图8-7（b）所示，然后压平两端对叉的线头，并将中间部分钳紧，如图8-7（c）所示。

c. 将一端的 7 股芯线按 2、2、3 分成三组，再把第一组的 2 根芯线扳直（即与主芯线垂直），如图8-7（d）所示，然后按顺时针方向在主芯线上紧绕 2 圈，再将余下的扳到主芯线上，如图8-7（e）所示。

d. 将第二组的 2 根芯线扳直，然后按顺时针方向在第一组芯线及主芯线上紧绕 2 圈，如图 8-7(f) 所示。

e. 将第三组的 3 根芯线扳直，然后按顺时针方向在第一、二组芯线及主芯线上紧绕 2 圈，如图 8-7(g) 所示，三组芯线绕好后把多余的部分剪掉，已绕好一端的导线如图 8-7(h) 所示。

f. 按同样的方法缠绕另一端的芯线。

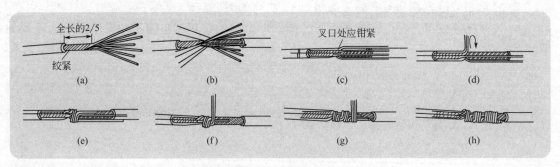

图 8-7　7 股铜芯导线的直线连接

④ 7 股铜芯导线的 T 字形分支连接　7 股铜芯导线的 T 字形分支连接如图 8-8 所示，具体过程如下。

a. 将去除绝缘层和氧化层的分支线 7 股芯线散开，并将绝缘层旁约 1/8 的芯线段绞紧，如图 8-8(a) 所示。

b. 将分支线 7 股芯线按 3、4 分成两组，并叉入主干线，如图 8-8(b) 所示。

c. 将 3 股的一组芯线在主芯线上按顺时针方向紧绕 3 圈，再将余下的剪掉，如图 8-8(c) 所示。

d. 将 4 股的一组芯线在主芯线上按顺时针方向紧绕 4 圈，再将余下的剪掉，如图 8-8(d) 所示。

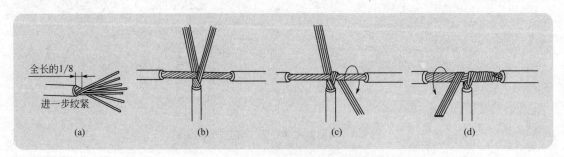

图 8-8　7 股铜芯导线的 T 字形分支连接

⑤ 不同直径铜导线的连接　不同直径的铜导线连接如图 8-9 所示，具体过程是：将细导线的芯线在粗导线的芯线上绕 5～6 圈，然后将粗芯线弯折压在缠绕细芯线上，再把细芯线在弯折的粗芯线上绕 3～4 圈，多余的细芯线剪去。

图 8-9　不同直径的铜导线连接　　　　图 8-10　多股软导线与单股硬导线的连接

⑥ 多股软导线与单股硬导线的连接　多股软导线与单股硬导线的连接如图 8-10 所示，具体过程是：先将多股软导线拧紧成一股芯线，然后将拧紧的芯线在硬导线上缠绕 7～8 圈，再将硬导线折弯压紧缠绕的软芯线。

⑦ 多芯导线的连接　多芯导线的连接如图 8-11 所示，从图中可以看出，多芯导线之间的连接关键在于各芯线连接点应相互错开，这样可以防止芯线连接点之间短路。

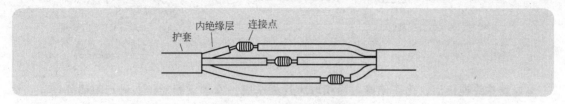

图 8-11　多芯导线的连接

⑧ 导线的并头连接　**在家庭安装电气线路时，导线不可避免会出现分支接点，由于导线分支接点是线路的薄弱点，为了查找和维护方便，分支接点不能放在导线保护管（PVC电线管）内，应安排在开关、插座或灯具安装盒内**，如图 8-12 所示，电源三根线进入灯具安装盒后，需要与开关线、灯具线和下一路电源线连接，它们之间的连接一般采用并头连接。

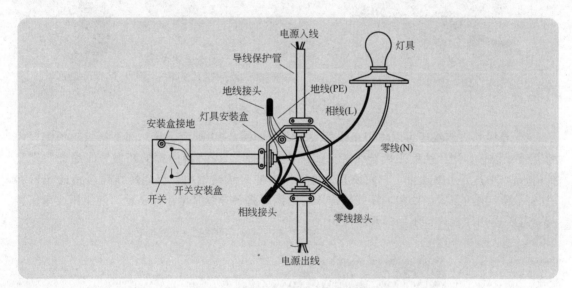

图 8-12　导线分接点安排在安装盒例图

导线的并头连接的具体方法如下。

① 对于两根导线，可剥掉绝缘层后直接铰合在一起，如图 8-13 所示。

② 对于多根导线，可将其中一根导线绝缘层剥长一些（以让芯线露出更长），然后将这些导线的绝缘层根部对齐，再用芯线长的导线缠绕其它几根芯线短的导线，缠绕 5 圈后，将

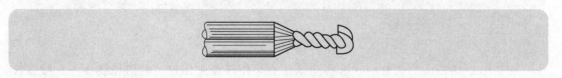

图 8-13　两根导线的并头连接

被缠的几根导线的芯线往回弯，并用钳子夹紧，如图 8-14 所示。

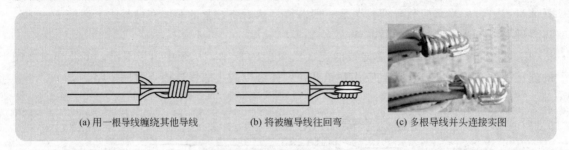

(a) 用一根导线缠绕其他导线　　(b) 将被缠导线往回弯　　(c) 多根导线并头连接实图

图 8-14　多根导线的并头连接

导线并头连接后，为了使接触面积增大且更牢固，常常需要对接头进行涮锡处理。在涮锡时，用锡炉将锡块熔化，再将导线接头浸入熔化的液锡中，接头沾满锡后取出，如图8-15所示，如果不满意可重复操作。

(a) 锡炉　　　　　(b) 将导线接头浸入熔化的液锡中　　　　(c) 涮锡效果

图 8-15　导线接头涮锡

③ 导线并头连接还可以使用压线帽。压线帽如图 8-16 所示，其外部是绝缘防护帽，内部是镀银铜管。用压线帽压接导线接头如图 8-17 所示，先将待连接的几根导线绝缘层剥掉2～3cm，对齐后用钢丝钳将它们绞紧，再将接头伸入压线帽内，再用压线钳合适的压口夹住压线帽，用力压紧压线帽，压线帽内压扁的铜管将各导线紧紧压在一起，使用压线帽压接导线接头不用涮锡，也不用另加绝缘层。

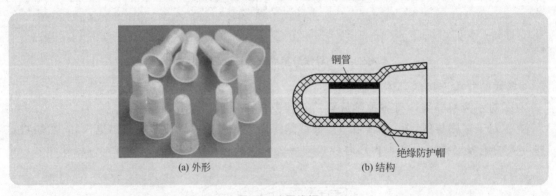

(a) 外形　　　　　　　　　　　　(b) 结构

图 8-16　压线帽

在如图 8-18 所示的底盒内，有些导线接头采用压线帽压接，有的导线接头直接铰接，并用绝缘胶带缠绕接头进行绝缘处理。

(a) 将导线绞合在一起　　　　(b) 将导线接头伸入压线帽　　　　(c) 用压线钳压紧压线帽

图 8-17　用压线帽压接导线接头

图 8-18　底盒中导线的并头连接实图

（2）铝芯导线之间的连接

铝芯导线由于采用铝材料作芯线，而铝材料易氧化而在表面形成氧化铝，氧化铝的电阻率又比较高，如果线路安装要求比较高，**铝芯导线之间一般不采用铜芯导线之间的连接方法，而常用铝压接管（如图 8-19 所示）进行连接。**

图 8-19　铝压接管

用压接管连接铝芯导线方法如图 8-20 所示，具体操作过程如下。

① 将待连接的两根铝芯线穿入压接管，并穿出一定的长度，如图 8-20（a）所示，芯线截面积越大，穿出越长。

② 用压接钳对压接管进行压接，如图 8-20（b）所示，铝芯线的截面积越大，要求压坑越多。

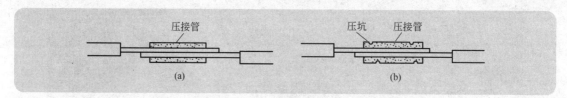

图 8-20　用压接管连接铝芯导线

如果需要将三根或四根铝芯线压接在一起，可按图 8-21 方法进行。

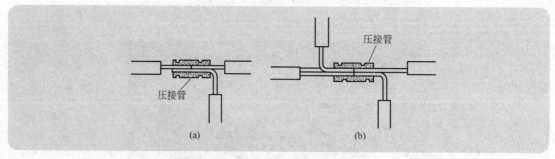

图 8-21　用压接管连接三根或四根铝芯线

（3）铝芯导线与铜芯导线的连接

当铝和铜接触时容易发生电化腐蚀，所以铝芯导线和铜芯导线不能直接连接，连接时需要用到铜铝压接管，这种套管是由铜和铝制作而成的，如图 8-22 所示。

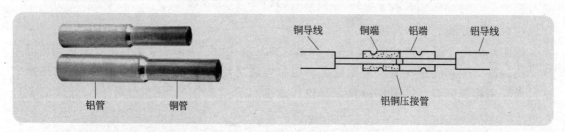

图 8-22　铜铝压接管　　　　　　图 8-23　铝芯导线与铜芯导线的连接

铝芯导线与铜芯导线的连接方法如图 8-23 所示，具体操作过程如下。

① 将铝芯线从压接管的铝端穿入，芯线不要超过压接管的铜材料端，铜芯线从压接管的铜端穿入，芯线不要超过压接管的铝材料端。

② 用压接钳压挤压接管，将铜芯线与压接管的铜材料端压紧，铝芯线与压接管的铝材料端压紧。

8.1.3　导线与接线柱之间的连接

（1）导线与针孔式接线柱的连接

导线与针孔式接线柱的连接方法如图 8-24 所示，具体操作过程是：旋松接线柱上的螺钉，再将芯线插入针孔式接线柱内，然后旋紧螺钉，如果芯线较细，可把它折成两股再插入接线柱并旋紧。

（2）导线与螺钉平压式接线柱的连接

导线与螺钉平压式接线柱的连接如图 8-25 所示，具体操作过程是：将导线的芯线弯成圆环状，保证芯线处于平分圆环位置，然后将圆环套在螺钉上，再往螺母上旋紧螺钉，芯线

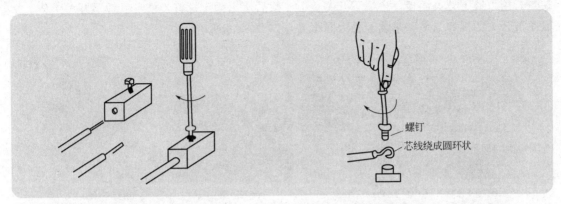

图 8-24　导线与针孔式接线柱的连接　　　图 8-25　导线与螺钉平压式接线柱的连接

就被紧压在螺钉和螺母之间，由于螺钉一般往顺时针方向为旋紧，故圆环的缺口应处于顺时针方向，这样在旋转螺钉时圆环才不会变松。

8.1.4　导线绝缘层的恢复

导线芯线连接好后，为了安全起见，需要在芯线上缠绕绝缘材料，即恢复导线的绝缘层。**缠绕的绝缘材料主要有黄蜡胶带、黑胶带和涤纶薄膜胶带。**

在导线上缠绕绝缘带的方法如图 8-26 所示，具体过程如下。

① 从导线的左端绝缘层约两倍胶带宽处开始缠绕黄蜡胶带，如图 8-26（a）所示，缠绕时，胶带保持与导线成 55°的角度，并且缠绕时胶带要压住上圈胶带的 1/2，如图 8-26（b）所示，缠绕到导线右端绝缘层约两倍胶带宽处停止。

② 在导线右端将黑胶带与黄蜡胶带粘贴连接好，如图 8-26（c）所示，然后从右往左斜向缠绕黑胶带，缠绕方法与黄蜡胶带相同，如图 8-26（d）所示，缠绕至导线左端黄蜡胶带的起始端结束。

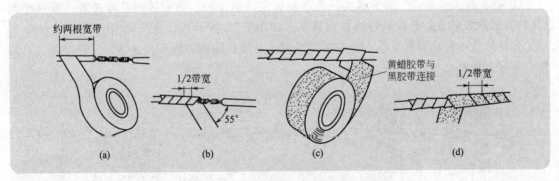

图 8-26　在导线上缠绕绝缘带

8.2　开关的安装与接线

8.2.1　开关的安装

（1）暗装开关的拆卸与安装

① 暗装开关的拆卸　拆卸是安装的逆过程，在安装暗装开关前，先了解一下如何拆卸已安装的暗装开关。单联暗装开关的拆卸如图 8-27 所示，先用一字螺丝刀插入开关面板的

缺口，用力撬下开关面板，再撬下开关盖板，然后旋出固定螺钉，就可以拆下开关主体。多联暗装开关的拆卸与单联暗装开关大同小异，如图8-28所示。

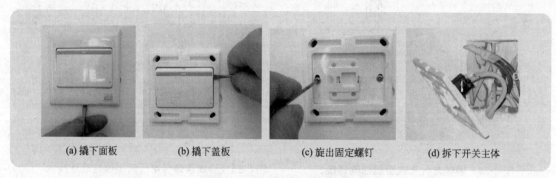

| (a) 撬下面板 | (b) 撬下盖板 | (c) 旋出固定螺钉 | (d) 拆下开关主体 |

图 8-27　单联暗装开关的拆卸

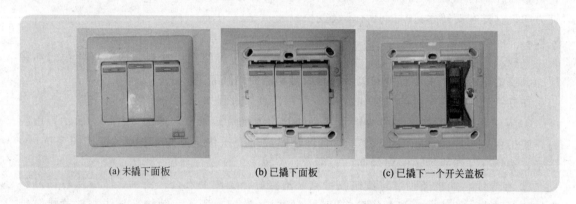

| (a) 未撬下面板 | (b) 已撬下面板 | (c) 已撬下一个开关盖板 |

图 8-28　多联暗装开关的拆卸

　　② 暗装开关的安装　由于暗装开关是安装在暗盒上的，在安装暗装开关时，要求暗盒（又称安装盒或底盒）已嵌入墙内并已穿线，如图8-29所示，暗装开关的安装如图8-30所示，先从暗盒中拉出导线，接在开关的接线端是，然后用螺钉将开关主体固定在暗盒上，再依次装好盖板和面板即可。

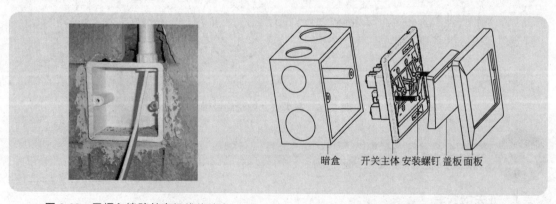

暗盒　开关主体 安装螺钉 盖板 面板

图 8-29　已埋入墙壁并穿好线的暗盒　　　图 8-30　暗装开关的安装

　（2）明装开关的安装
明装开关直接安装在建筑物表面。明装开关有分体式和一体式两种类型。

分体式明装开关如图8-31所示，分体式明装开关采用明盒与开关组合。在安装分体式明装开关时，先用电钻在墙壁上钻孔，接着往孔内敲入膨胀管（胀塞），然后将螺钉穿过明盒的底孔并旋入膨胀管，将明盒固定在墙壁上，再从侧孔将导线穿入底盒并与开关的接线端连接，最后用螺钉将开关固定在明盒上。明装与暗装所用的开关是一样的，但底盒不同，由于暗装底盒嵌入墙壁，底部无需螺钉固定孔，如图8-32所示。

图8-31 分体式明装开关（明盒+开关）　　图8-32 暗盒（底部无螺钉孔）

一体式明装开关如图8-33所示，在安装时先要撬开面板盖，才能看见开关的固定孔，用螺钉将开关固定在墙壁上，再将导线引入开关并接好线，然后合上面板盖即可。

图8-33 一体式明装开关

（3）开关的安装要点

开关的安装要点如下。

① 开关的安装位置为距地约1.4m，距门口约0.2m处为宜。

② 为避免水汽进入开关而影响开关寿命或导致电气事故，卫生间的开关最好安装在卫生间门外，若必须安装在卫生间内，应给开关加装防水盒。

③ 开敞式阳台的开关最好安装在室内，若必须安装在阳台，应给开关加装防水盒。

④ 在接线时，必须要将相线接开关，相线经开关后再去接灯具，零线直接灯具。

8.2.2 单控开关的种类及接线

（1）种类

单控开关采用一个开关控制一条线路的通断，是一种最常用的开关。单控开关具体可分为单联单控（又称单极单控或一开单控）、双联单控、三联单控、四联单控和五联单控开关等，其外形和符号如图8-34所示。

（2）接线

单控开关接线比较简单，零线直接接到灯具，相线则要经开关后再接到灯具。单控开关

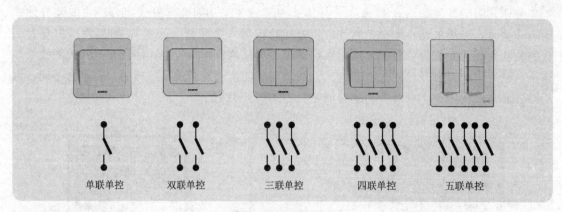

图 8-34　单控开关

接线如图 8-35 所示，图 8-35（a）为单联单控开关接线，图 8-35（b）为三联单控开关接线。

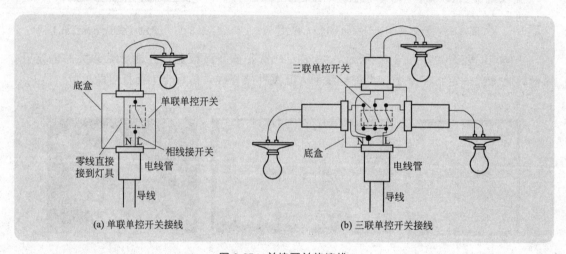

图 8-35　单控开关的接线

8.2.3　双控开关的种类及接线

（1）种类

双控开关是一种带常开和常闭触点的开关。双控开关具体可分为单联双控、双联双控、三联双控和四联双控开关等，其外形和符号如图 8-36 所示。

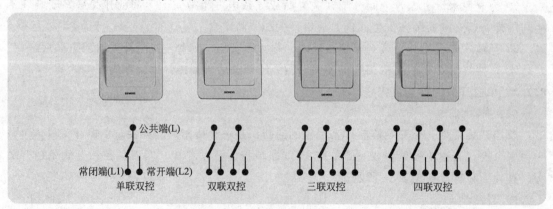

图 8-36　双控开关

（2）接线端的判别

双控开关每联均含有一个常开触点和一个常闭触点，每联有 **3 个接线端，分别为常开端、常闭端和公共端**。双控开关结构如图 8-37 所示，从左往右依次为单联双控开关、双联双控开关和三联双控开关。

 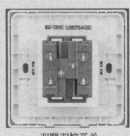 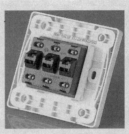

单联双控开关　　　　　双联双控开关　　　　　三联双控开关

图 8-37　双控开关的接线端

在判别双控开关的接线端时，可以直接查看接线端旁的标注来识别，如公共端一般用 L 表示，常开端和常闭端用 L1、L2 表示，也有的开关采用其他表示方法，如果无法从标注判别出各接线端，可使用万用表来检测。从图 8-36 可以看出，不管开关如何切换，常开端和常闭端之间的电阻始终为无穷大，而公共端与常开端或常闭端之间的电阻会随开关切换在 0 和∞之间变换。

在检测单联双控开关时，万用表选择 $R\times1\Omega$ 挡，红、黑表笔接任意两个接线端，如果测得电阻为 0Ω，一根表笔不动，另一根表笔接第三个接线端，测得电阻应为∞，再切换开关，如果电阻变为 0Ω，则不动的表笔接的为公共端，如果电阻仍为∞，则当前两表笔所接之外的那个端子为公共端，常开端和常闭端通常不作区分。多联双控开关可以看成多个单联双控开关组成，各联开关之间接线端区分明显，检测各联开关三个接线端的方法与检测单联双控开关是一样的。

（3）应用接线

① 用两个双控开关在两地控制一盏灯的接线　双控开关最典型的应用就是实现两地控制一盏灯，它需要用到两个双控开关，其接线如图 8-38 所示，该线路可以实现 A 地开灯、B 地关灯或 A 地关灯、B 地开灯。

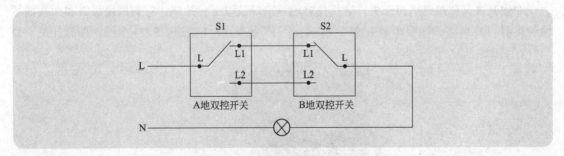

图 8-38　用两个双控开关在两地控制一盏灯的接线

两地控制一盏灯使用非常广泛。当用作楼梯灯控制时，A 地开关安装在一层楼梯口，B 地开关安装在二层楼梯口，灯安装在楼梯间的休息平台（楼梯转弯处）上方。当用作室内厅灯控制时，A 地开关安装在大门口，B 地开关安装在室内过道，灯安装在厅内，这样可在进门时在大门口打开厅灯，在离厅进卧室休息时关掉厅灯。当用作卧室灯控制时，A 地开关安装卧室门口，B 地开关安装床头，灯安装在卧室，在进卧室时在门口开灯，在休息时在床头关灯。

② 用两个多联双控开关在两地控制多盏灯的接线　用两个多联双控开关在两地控制多盏灯的接线如图 8-39 所示，该线路采用两个三联双控开关控制餐厅灯、射灯和灯带，在 A 地打开某种灯，在 B 地可将该灯关掉。

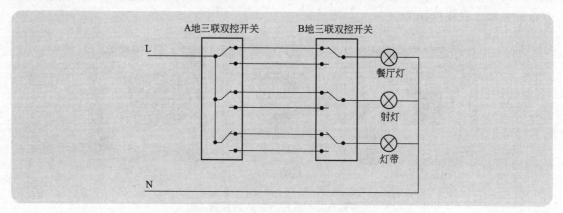

图 8-39　用两个多联双控开关在两地控制多盏灯的接线

③ 切换工作电器的接线　利用双控开关切换工作电器的接线如图 8-40 所示。

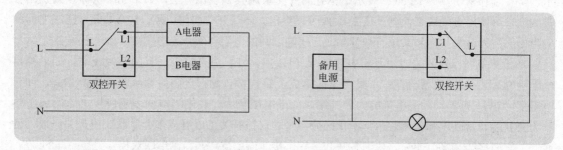

图 8-40　切换工作电器的接线　　　　　图 8-41　切换工作电源的接线

④ 切换工作电源的接线　利用双控开关切换工作电源的接线如图 8-41 所示。

8.2.4　中途开关的种类及接线

（1）种类

中途开关又称双路换向开关，常用作多地（三地及以上）控制，它有四接线端和六接线端两种类型。图 8-42 为四接线端中途开关，若开关切换前 1、2 接通，3、4 接通，那么开关切换

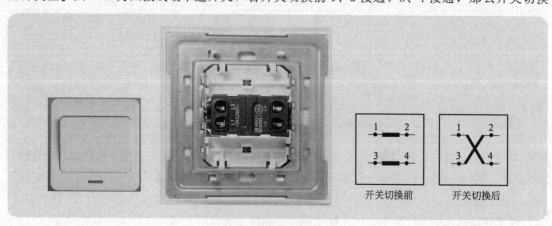

图 8-42　四接线端中途开关

后，1、4接通，2、3接通。图8-43为六接线端中途开关，开关内部已用导线将1、6端及3、4端接通，若开关切换前1、2接通，4、5接通，那么开关切换后，2、3接通，5、6接通。

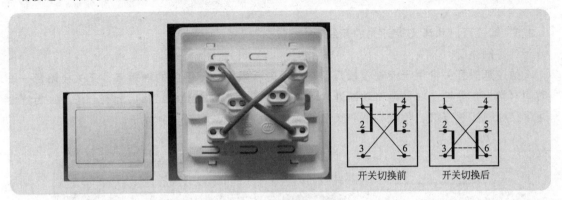

开关切换前　　　开关切换后

图8-43　六接线端中途开关

（2）应用接线

利用中途开关与双控开关配合，可以实现多地控制一个用电器，如三个房间都能控制客厅灯。多地控制接线如图8-44所示，图8-44（a）线路使用2个四接线端中途开关和2个双

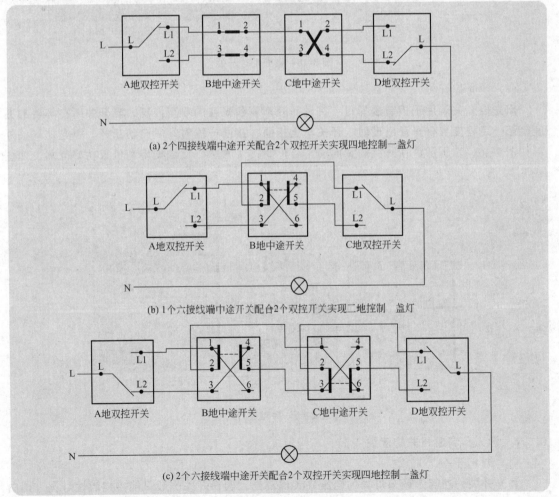

(a) 2个四接线端中途开关配合2个双控开关实现四地控制一盏灯

(b) 1个六接线端中途开关配合2个双控开关实现二地控制一盏灯

(c) 2个六接线端中途开关配合2个双控开关实现四地控制一盏灯

图8-44　多地控制接线

控开关实现四地控制一盏灯，图8-44(b)线路使用1个六接线端中途开关和2个双控开关实现三地控制一盏灯，图8-44(c)线路使用2个六接线端中途开关和2个双控开关实现四地控制一盏灯。

8.2.5 触摸延时和声光控开关的接线

（1）触摸延时开关

触摸延时开关常用于控制楼梯灯，在使用时，触摸一下开关的触摸点，开关会闭合一段时间（常为1分钟左右）再自动断开。触摸延时开关外形如图8-45(a)所示，在开关的背面通常会标明接线方法、负载类型和负载最大功率，如图8-45(b)所示。

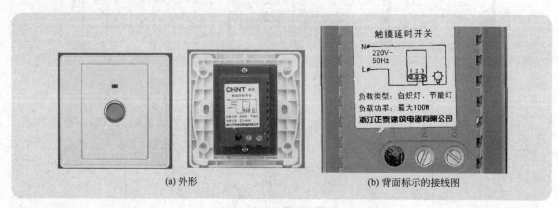

(a) 外形　　　　　　　　　　　　(b) 背面标示的接线图

图 8-45　触摸延时开关

（2）声光控开关

声光控开关常用于控制楼梯灯，其通断受声音和光线的双重控制，当开关所在环境的亮度暗至一定程度且有声音出现时，开关马上接通，接通一段时间后自动断开。声光控开关外形如图8-46(a)所示，在开关的背面通常会标明接线方法、负载类型和负载功率范围，如图8-46(b)所示。

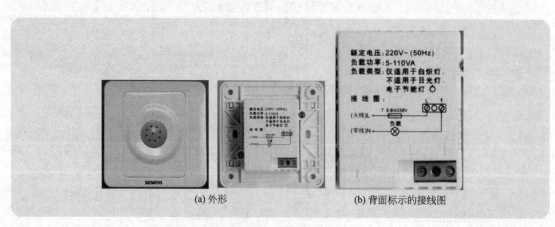

(a) 外形　　　　　　　　　　　　(b) 背面标示的接线图

图 8-46　声光控开关

8.2.6 调光和调速开关的接线

（1）调光开关

调光开关的功能是调节灯具的电压来实现调光，调光开关一般只能接纯阻性灯具（如白炽灯）。调光开关外形如图8-47(a)所示，在开关的背面标注有接线方法、负载类型和负载最大功率，如图 8-47（b）所示。在调光时，旋转开关上的旋钮，灯具两端的电压在 220V 以下变化，灯具发出的光线也就变化。

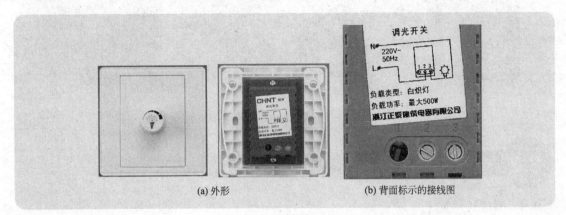

(a) 外形 （b) 背面标示的接线图

图 8-47 调光开关

（2）调速开关

调速开关的功能是调节风扇电机的电压来实现调速，调速开关接的负载类型为风扇电机。调速开关外形如图 8-48（a）所示，在开关的背面标注有接线方法、负载类型和负载功率范围，如图 8-48（b）所示。在调速时，旋转开关上的旋钮，风扇电机两端的电压在 220V 以下变化，风扇的风速也就变化。

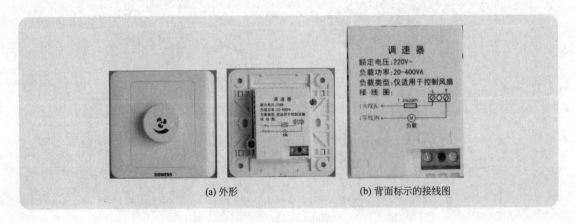

(a) 外形 （b) 背面标示的接线图

图 8-48 调速开关

8.2.7 开关防水盒的安装

如果开关安装在潮湿环境（如卫生间和露天阳台），水分容易进入开关，会使开关寿命缩短和绝缘性能下降，为此可给潮湿环境中的开关和插座安装防水盒。防水盒又称防溅盒，其外形如图 8-49 所示。

在给开关安装防水盒时，将防水盒的螺钉孔与底盒的螺钉孔对齐后粘贴在墙壁上，然后将开关放入防水盒内，开关的螺钉孔要与防水盒和底盒螺钉孔对齐，再用螺钉将开关、防水盒固定在底盒上。插座防水盒的安装与开关是一样的，在外形上，开关、插座的防水盒有一定的区别，开关防水盒是全封闭的，而插座防水盒有一个缺口，用于引出插头线。

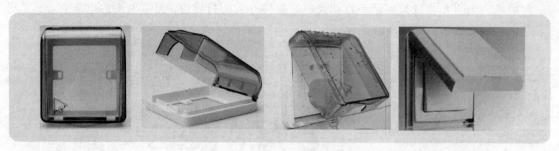

图 8-49　开关、插座的防水盒

8.3　插座的安装与接线

8.3.1　插座的种类

插座种类很多，常用的基本类型有三孔、四孔、五孔插座和三相四线插座，还有带开关插座，如图 8-50 所示，从图中可以看出，三孔插座有三个接线端，四孔插座有两个接线端（对应的上下插孔内部相通），五孔插座有三个接线端，三相四线插座有四个接线端，一开三

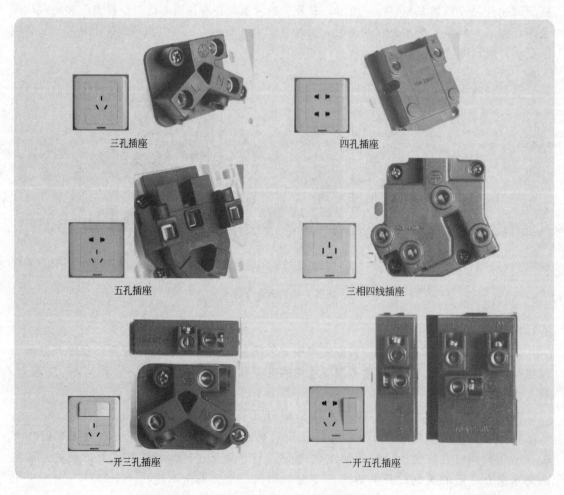

三孔插座　　　　　　　　　　　四孔插座

五孔插座　　　　　　　　　　　三相四线插座

一开三孔插座　　　　　　　　　一开五孔插座

图 8-50　常用插座及接线端

孔插座有五个接线端（两个为开关端，三个为插座端），一开五孔插座也有五个接线端。

8.3.2 插座的拆卸与安装

（1）暗装插座的拆卸与安装

暗装插座的拆卸方法与暗装开关是一样的，暗装插座的拆卸如图8-51所示。

图8-51 暗装插座的拆卸

暗装插座的安装与暗装开关也是一样的，先从暗盒中拉出导线，按极性规定将导线与插座相应的接线端连接，然后用螺钉将插座主体固定在暗盒上，再盖好面板即可。

（2）明装插座的安装

与明装开关一样，明装插座也有分体式和一体式两种类型。

分体式明装插座如图8-52所示，分体式明装插座采用明盒与插座组合，明装与暗装所用的插座是一样的。安装分体式明装插座与安装分体式明装开关一样，将明盒固定在墙壁上，再从侧孔将导线穿入底盒并与插座的接线端连接，最后用螺钉将插座固定在明盒上。

图8-52 分体式明装插座（明盒＋插座）

一体式明装插座如图8-53所示，在安装时先要撬开面板盖，可以看见插座的螺钉孔和接线端，用螺钉将插座固定在墙壁上，并接好线，然后合上面板盖即可。

图8-53 一体式明装插座

8.3.3 插座安装接线的注意事项

在安装插座时，要注意以下事项。

① 选择插座时，要注意插座的电压和电流规格，住宅用插座电压通常规格为 220V，电流等级有 10A、16A、25A 等，插座所接的负载功率越大，要求插座电流等级越大。

② 果需要在潮湿的环境（如卫生间和开敞式阳台）安装插座，应给插座安装防水盒

③ 接线时，插座的插孔一定要按规定与相应极性的导线连接。插座的接线极性规律如图 8-54 所示。**单相两孔插座的左极接 N 线（零线），右极接 L 线（相线）；单相三孔插座的左极接 N 线，右极接 L 线，中间极接 E 线（地线）；三相四线插座的左极接 L3 线（相线3），右极接 L1 线（相线 1），上极接 E 线，下极接 L2 线（相线 2）。**

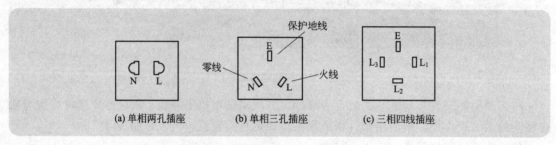

(a) 单相两孔插座　　(b) 单相三孔插座　　(c) 三相四线插座

图 8-54　插座的接线极性规律

第**9**章
灯具和浴霸的接线与安装

9.1 白炽灯的接线与安装

9.1.1 结构与原理

白炽灯是一种最常用的照明光源，它有卡口式和螺口式两种，如图 9-1 所示，安装时需要相应的灯座或灯头。

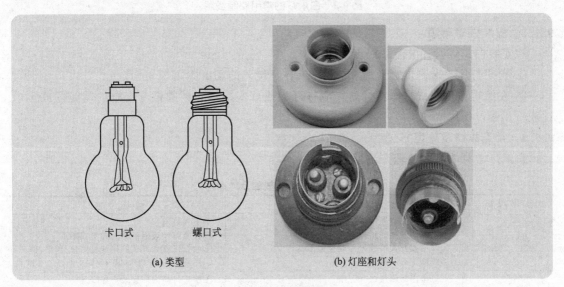

卡口式　　　螺口式

(a) 类型　　　　　　　　　(b) 灯座和灯头

图 9-1　白炽灯

白炽灯内的灯丝为钨丝，当通电后钨丝温度升高到 2200～3300℃ 而发出强光，当灯丝温度太高时，会使钨丝蒸发过快而降低寿命，且蒸发后的钨沉积在玻璃壳内壁上，使壳内壁发黑而影响亮度，为此通常在 60W 以上的白炽灯玻璃壳内充有适量的惰性气体（氦、氩、氪等），这样可以减少钨丝的蒸发。

在选用白炽灯时，要注意其额定电压要与所接电源电压一致。若电源电压偏高，如电压偏高 10%，其发光效率会提高 17%，但寿命会缩短到原来的 28%；若电源电压偏低，其发光效率会降低，但寿命会延长。

9.1.2 白炽灯的常用控制线路

白炽灯的常用控制线路如图 9-2 所示，在实际接线时，导线的接头应安排在灯座和开关内部的接线端子上，这样做不但可减少线路连接的接头数，在线路出现故障时查找也比较容易。

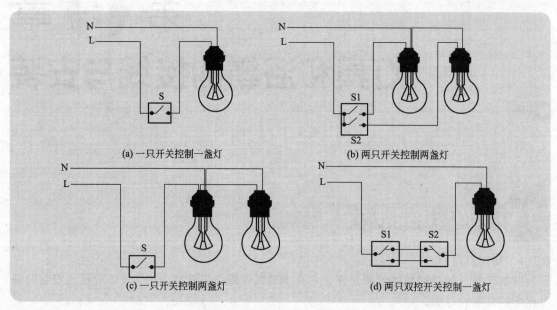

(a) 一只开关控制一盏灯   (b) 两只开关控制两盏灯

(c) 一只开关控制两盏灯   (d) 两只双控开关控制一盏灯

图 9-2 白炽灯的常用控制线路

9.1.3 安装注意事项

在安装白炽灯时，要注意以下事项。

① 白炽灯座安装高度通常应在 2m 以上，环境差的场所应达 2.5m 以上。

② 在给螺口灯头或灯座接线时，应将灯头或灯座的螺旋铜圈极与市电的零线（或称中性线）相连，相线（即火线）与灯座中心铜极连接。

9.1.4 常见故障及处理方法

白炽灯常见故障及处理方法见表 9-1。

表 9-1 白炽灯常见故障及处理方法

故 障 现 象	故 障 原 因	处 理 方 法
灯泡不亮	①灯泡钨丝烧断 ②电源熔断器的熔丝烧断 ③灯座或开关接线松动或接触不良 ④线路中有断路故障	①更换灯泡 ②检查熔丝烧断的原因并更换熔丝 ③检查灯座和开关的接线处并修复 ④用测电笔或校验灯检查电路的断路处并修复
开关合上后熔断器熔丝烧断	①灯座内部两接线头短路 ②螺口灯座内部的中心铜片与螺旋铜圈相碰短路 ③线路中发生短路 ④用电器发生短路 ⑤用电量超过熔丝容量	①检查灯座内两接线头并修复 ②检查灯座并扳准中心铜片 ③检查导线绝缘是否老化或损坏并修复 ④检查用电器并修复 ⑤减小负载或更换熔断器
灯泡忽亮忽暗或忽亮忽灭	①灯丝烧断但受振后忽接忽离 ②灯座或开关接线松动 ③熔断器的熔丝接头接触 ④电源电压不稳定	①更换灯泡 ②检查灯座和开关并修复 ③检查熔断器并修复 ④检查电源电压
灯泡发强烈白光并瞬时或短时烧坏	①灯泡额定电压低于电源电压 ②灯泡钨丝有搭丝，从而使电阻减小，电流增大	①更换与电源电压相符的灯泡 ②更换新灯泡
灯光暗淡	①灯泡内钨丝挥发后积聚在玻壳内表面，透光度减低，同时由于钨丝挥发后变细，电阻增大，电流减小，光通量减小 ②电源电压过低 ③线路因年久老化或绝缘损坏有漏电现象	①正常现象，不必修理 ②调高电源电压 ③检查电路，更换导线

9.2 荧光灯的安装与接线

9.2.1 普通荧光灯的安装与接线

荧光灯又称日光灯，它是一种利用气体放电而发光的光源。荧光灯具有光线柔和、发光效率高和寿命长等特点。

（1）工作原理

荧光灯主要由荧光灯管、启辉器和镇流器组成。荧光灯的结构及电路连接如图9-3所示。

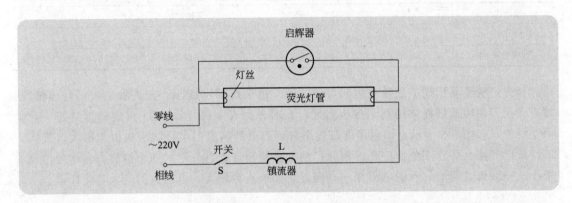

图9-3 荧光灯的结构及电路连接

荧光灯工作原理说明如下。

当闭合开关S时，220V电压通过开关S、镇流器和灯管的灯丝加到启辉器两端。由于启辉器内部的动、静触片距离很近，两触片间的电压使中间的气体电离发出辉光，辉光的热量使动触片弯曲与静触片接通，于是电路中有电流通过，其途径是：相线→开关→镇流器→右灯丝→启辉器→左灯丝→零线，该电流流过灯管两端灯丝，灯丝温度升高。当灯丝温度升高到850～900℃时，荧光管内的汞蒸发就变成气体。与此同时，由于启辉器动、静触片的接触而使辉光消失，动触片无辉光加热又恢复原样，从而使得动、静触片又断开，电路被突然切断，流过镇流器（实际是一个电感）的电流突然减小，镇流器两端马上产生很高的反峰电压，该电压与220V电压叠加送到灯管的两灯丝之间（即两灯丝间的电压为220V加上镇流器上的高压），使灯管内部两灯丝间的汞蒸气电离，同时发出紫外线，紫外线激发灯管壁上的荧光粉发光。

灯管内的汞蒸气电离后，汞蒸气变成导电的气体，它一方面发出紫外线激发荧光粉发光，另一方面使两灯丝电气连通。两灯丝通过电离的汞蒸气接通后，它们之间的电压下降（100V以下），启辉器两端的电压也下降，无法产生辉光，内部动、静触片处于断开状态，这时取下启辉器，灯管照样发光。

（2）荧光灯各部分说明

① 荧光灯管 荧光灯管的结构如图9-4所示。

荧光灯管的功率与灯管长度、管径大小有一定的关系，一般来说灯管越长，管径越粗，其功率越大。表9-2列出了一些荧光灯管的管径尺寸与对应的功率。

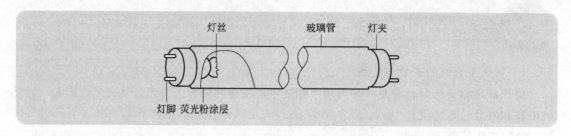

图 9-4　荧光灯管的结构

表 9-2　荧光灯管的管径尺寸与对应的功率

管径代号	T5	T8	T10	T12
管径尺寸/mm	15	25	32	38
灯管功率/W	4、6、8、12、13	10、15、18、30、36	15、20、30、40	15、20、30、40、65、80、85、125

　　荧光灯管最易出现的故障是内部灯丝烧断，由于灯管不透明，无法看见内部灯丝情况，故可使用万用表欧姆挡来检测。在检测时，万用表拨 $R\times 1\Omega$ 挡，红、黑表笔接灯管一端的两个灯脚，如图 9-5 所示，如果内部灯丝正常，测得的阻值很小，如果阻值无穷大，表明内部灯丝已开路，灯管不能使用，再用同样的方法检测灯管另一端的两个灯脚，正常阻值同样很小。一般灯管两端灯丝的电阻相同或相近，如果差距较大，电阻大的灯丝老化严得。

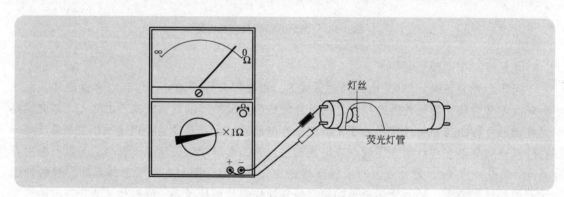

图 9-5　检测荧光灯管的灯丝好坏

　　② 启辉器　启辉器是由一只辉光放电管与一只小电容器并联而成的。启辉器的外形和结构如图 9-6 所示。辉光放电管的外形与内部结构如图 9-7 所示。

　　从图 9-7 可以看出，辉光放电管内部有一个动触片（U 形双金属片）和一个静触片，在玻璃管内充有氖气或氩气，或氖氩混合惰性气体。当动、静触片之间加有一定的电压时，中间的惰性气体被击穿导电而出现辉光放电，动触片被辉光加热而弯曲与静触片接通。动、静触片接通后不再发生辉光放电，动触片开始冷却，经过 1～8s 的时间，动触片收缩回原来状态，动、静触片又断开。此时因灯管导通，辉光放电管动、静触片两端的电压很低，无法再击穿惰性气体产生辉光。另外，在辉光放电管两端一般并联一个电容，用来消除动、静触片通断时产生的干扰信号，防止干扰无线电接收设备（如电视机和收音机）。

　　③ 镇流器　镇流器实际上是一个电感量较大的电感器，它是由线圈绕制在铁芯上构成的。镇流器的外形及结构如图 9-8 所示。

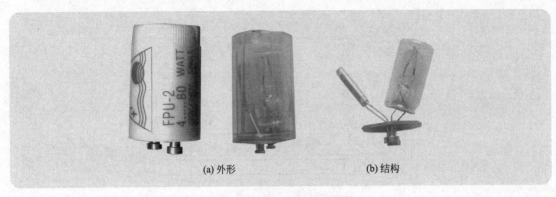

(a) 外形　　　　　(b) 结构

图 9-6　启辉器的外形和结构

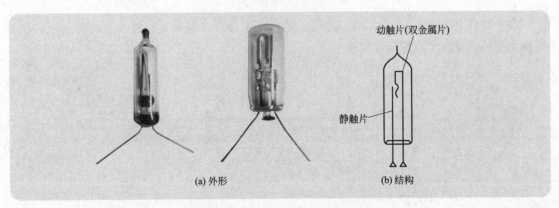

(a) 外形　　　　　(b) 结构

图 9-7　辉光放电管的外形与内部结构

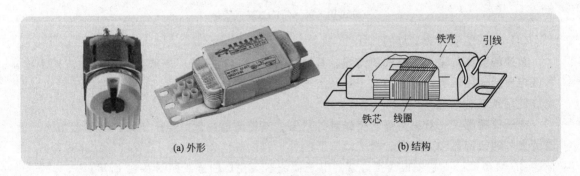

(a) 外形　　　　　(b) 结构

图 9-8　镇流器的外形及结构

电感式镇流器体积大、笨重，并且成本高，故现在很多荧光灯采用电子式镇流器。电子式镇流器采用电子电路来对荧光灯进行启动，同时还可以省去启辉器。

（3）荧光灯的安装

荧光灯的安装形式主要有直装式、吊装式和嵌装式，其中吊装式可以避免振动且有利于镇流器散热，直装式安装简单，嵌装式是将荧光灯嵌装吊顶内，适合同时安装多根灯管，常用于公共场合（如商场）高亮度照明。

荧光灯的吊装式安装如图 9-9 所示，安装时先将启辉器和镇流器安装在灯架上，再按如图 9-3 所示的接线方法将各部件连接起来，最后有吊链（或钢管等）进行整体吊装。

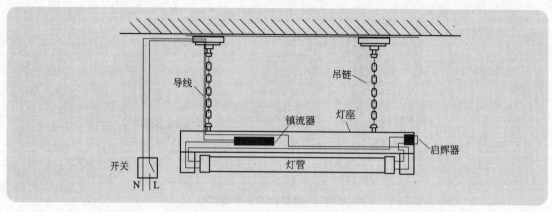

图 9-9　荧光灯的吊装式安装

荧光灯的直装式安装如图 9-10 所示，安装时先将启辉器和镇流器安装在灯架上，接线后用钉子将灯架固定在房顶或墙壁上。

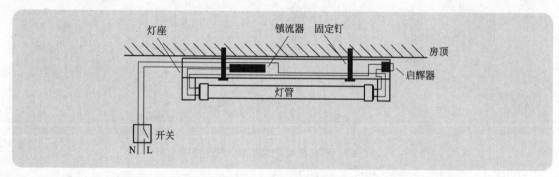

图 9-10　荧光灯的直装式安装

（4）电子镇流器荧光灯的接线

普通的荧光灯采用电感式镇流器，其缺点有电能利用率低、易产生噪声（镇流器发出）和低电压启动困难等，而采用电子式镇流器的荧光灯可有效克服这些缺点，故电子镇流器荧光灯使用越来越广泛。

电子镇流器荧光灯采用普通荧光灯的灯管，其镇流器内部为电子电路，其功能相当于普通荧光灯的镇流器和启辉器。电子镇流器的外形和内部结构如图 9-11 所示，它有 6 根线，2根接 220V 电源，其它 4 根线接灯管。电子镇流器荧光灯的接线如图 9-12 所示。

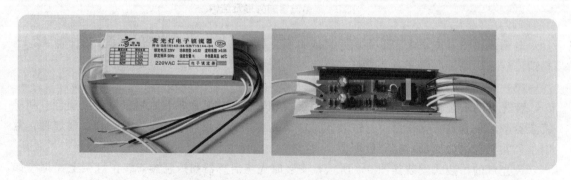

图 9-11　电子镇流器的外形和内部结构

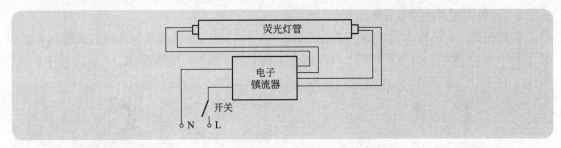

图 9-12 电子镇流器荧光灯的接线

（5）荧光灯常见故障及处理方法

荧光灯常见故障及处理方法见表 9-3，表 9-3 中的故障及处理方法适用于电感镇流器荧光灯，电子镇流器荧光灯可作为参考。

表 9-3 荧光灯常见故障及处理方法

故障现象	故障原因	处理方法
荧光灯管不能发光	①灯座或启辉器底座接触不良 ②灯管漏气或灯丝断 ③镇流器线圈断路 ④电源电压过低 ⑤新装荧光灯接线错误	①转动灯管,让灯管四极和灯座夹座接触,或转动启辉器,使启辉器两极与底座两铜片接触,找出原因并修复 ②用万用表检查,或观察荧光粉是否变色,如果灯管已坏,可换新灯管 ③修理或更换镇流器 ④不用修理 ⑤检查线路
荧光灯管抖动或两头发光	①接线错误或灯座灯脚松动 ②启辉器氖泡内部的动、静触片不能分开或电容器击穿 ③镇流器配用规格不合适或接头松动 ④灯管陈旧,发光效率和放电作用降低 ⑤电源电压过低或线路电压降过大 ⑥气温过低	①检查线路或修理灯座 ②将启辉器取下,用导线瞬间短路启辉器底座的两块铜片,如果灯管能跳亮,则启辉器损坏,应更换启辉器 ③更换适当的镇流器或加固接头 ④调换灯管 ⑤如有条件升高电压或加粗导线 ⑥用热毛巾对灯管加热
灯光闪烁或管内光发生滚动	①新灯管暂时现象 ②灯管质量不好 ③镇流器规格不符或接线松动 ④启辉器损坏或接触不好	①多用几次或将灯管两端对调 ②更换灯管试试,若正常均为原灯管质量差 ③调换合适的镇流器或加固接线 ④调换启辉器或加固启辉器
灯管两端发黑或有黑斑	①灯管陈旧,寿命将终的表现 ②如果是新灯管,可能因启辉器损坏使灯丝的发射物质加速挥发 ③灯管内水银凝结,是细灯管常见的现象 ④电源电压太高或镇流器配用不当	①更换灯管 ②更换启辉器 ③灯管工作后即能蒸发,或将灯管旋转180° ④调整电源电压或更换适当的镇流器
灯管光度减低或色彩较差	①灯管陈旧的表现 ②灯管上积垢太多 ③电源电压太低或线路电压降太大 ④气温过低或冷风直吹灯管	①更换灯管 ②清除灯管积垢 ③调整电压或加粗导线 ④加防护罩或避开冷风
灯管寿命短或发光后立即熄灭	①配用镇流器的规格不合,或质量较差,或镇流器内部线圈短路,使灯管电压过高 ②受到剧振,使灯丝振断 ③新装灯管因接线错误将灯管烧坏	①更换或修理镇流器 ②调换安装位置并更换灯管 ③检修线路
镇流器有杂音或电磁声	①镇流器质量较差或其铁心的硅钢片未夹紧 ②镇流器过载或其内部短路 ③镇流器过度受热 ④电源电压过高引起镇流器发出声音 ⑤启辉器不好引起开启时辉光杂音 ⑥镇流器有微弱声,但影响不大	①更换镇流器 ②更换镇流器 ③检查受热原因 ④若有可能,请设法降低电压 ⑤更换启辉器 ⑥是正常现象,可用橡胶垫衬,以减少振动
镇流器过热或冒烟	①电源电压过高或容量过低 ②镇流器内部线圈短路 ③灯管闪烁时间长或使用时间太长	①若有可能,可调低电压或换用容量较大的镇流器 ②更换镇流器 ③检查闪烁原因或减少连续使用的时间

9.2.2 多管荧光灯的安装与接线

单管荧光灯的亮度有限，如果室内空间很大，可以考虑安装多管荧光灯。多管荧光灯的外形如图9-13所示，图中间和右方的灯前方有横格条，这种灯称为格栅灯。

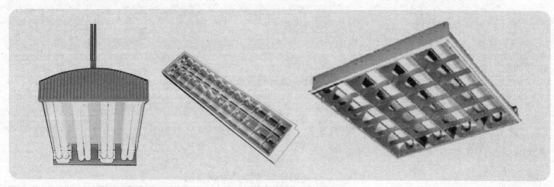

图9-13 多管荧光灯

（1）接线

多管荧光灯有两个或两个以上的荧光灯管，这些灯管在工作时也需要安装镇流器。**多管荧光灯配接镇流器有两种方式：一是各灯管使用独立的镇流器；二是各灯管共用一个一拖多电子镇流器。**

① 使用独立镇流器的多管荧光灯的接线方法　多管荧光灯使用独立镇流器（电感镇流器）的接线方法如图9-14所示。

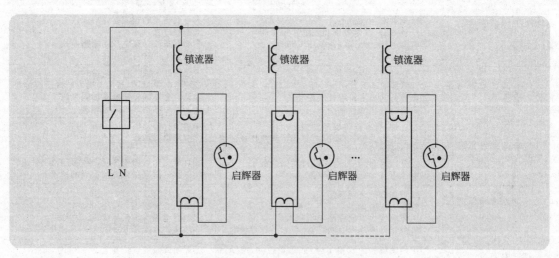

图9-14 多管荧光灯使用独立镇流器的接线

② 使用一拖多镇流器的多管荧光灯的接线方法　如果多管荧光灯的各灯管共用一个一拖多电子镇流器，根据电子镇流器不同，接线方法也不尽相同，具体可查看电子镇流器的接线说明。图9-15是一种一拖三电子镇流器外形，其接线如图9-16所示。

（2）安装

多管荧光灯主要有两种安装方式：吸顶安装和嵌入式安装。

① 吸顶安装　吸顶安装是指将灯具紧贴在房顶表面的安装方式。多管荧光灯的吸顶安装如图9-17所示。

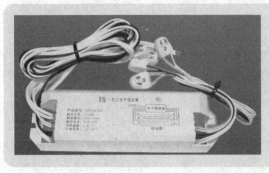

图 9-15 一拖三电子镇流器

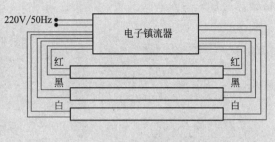

图 9-16 多管荧光灯使用一拖多电子镇流器的接线

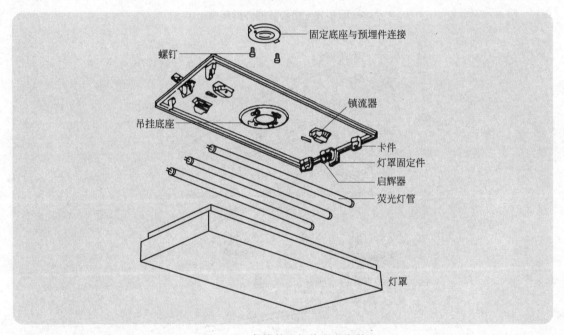

图 9-17 多管荧光灯的吸顶安装

② 嵌入式安装 如果室内有吊顶，通常以嵌入的方式将多管荧光灯安装吊顶内。多管荧光灯的嵌入式安装如图 9-18 所示。

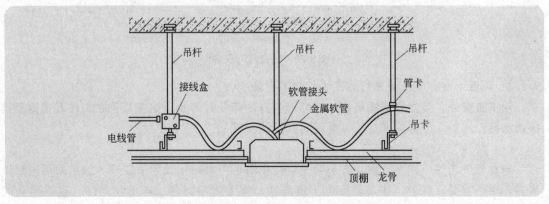

图 9-18 多管荧光灯的嵌入式安装

③ **格栅灯的安装** 格栅灯是一种较为常见的多管荧光管，其外形结构如图 9-19 所示。格栅灯通常采用嵌入式安装，其安装如图 9-20 所示。

图 9-19 格栅灯的外形结构

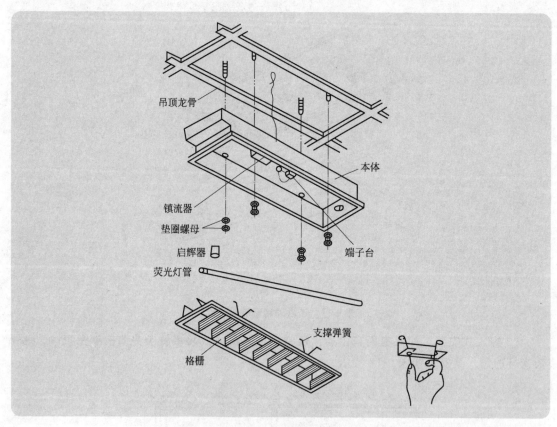

图 9-20 格栅灯的安装

9.2.3 环形（或方形）荧光灯的接线与吸顶安装

除了直管外，荧光灯管还可以做成环形和方形等各种形状，这些灯管在工作时也需要连接镇流器。环形、方形荧光灯管（蝴蝶管）及镇流器如图 9-21 所示。

（1）接线

与直管荧光灯一样，环形、方形荧光灯工作时也需要用镇流器来驱动，如果使用电感镇流器，则还需要启辉器，如果使用电子镇流器，就无需启辉器。环形荧光灯（或方形荧光灯）的接线如图 9-22 所示。

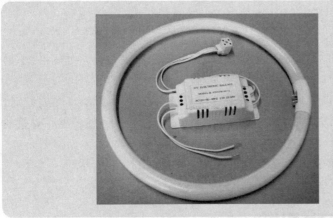
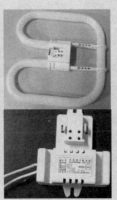

图 9-21 环形、方形荧光灯管及镇流器

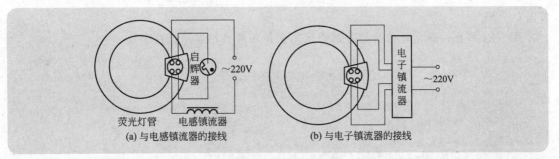

图 9-22 环形（或方形）荧光灯的接线

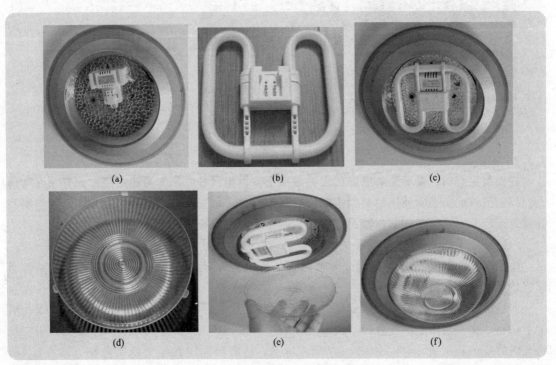

图 9-23 方形荧光灯的吸顶安装

（2）吸顶安装

方形（或环形）荧光灯通常以吸顶方式安装。

方形（或环形）荧光灯其安装如图 9-23 所示，具体过程如下。

① 用螺钉将底盘固定在房顶，并将镇流器输入线接电源后固定在底盘内，如图 9-23（a）所示。

② 将如图 9-23（b）所示的方形灯管安装在镇流器上，如图 9-23（c）所示，在安装时，灯管方位一定要适合镇流器，否则无法安装，方位正确后就可以将灯管压入镇流器，灯管的引脚会自然正确插入镇流器的插孔。

③ 将如图 9-23（d）所示的透明底盖安装在灯具底盘上，如图 9-23（e）所示。

安装完成的吸顶方形荧光灯如图 9-23（f）所示。

9.3　吊灯的安装

9.3.1　外形

图 9-24 列出一些常见的吊灯，吊灯通常使用吊杆或吊索吊装在房顶。

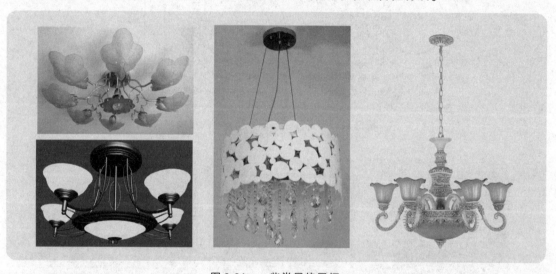

图 9-24　一些常见的吊灯

9.3.2　安装

在安装吊灯时，需要先将底座固定在房顶上，再用吊杆或吊索将吊灯主体部分吊在底座上。固定吊灯底座通常使用塑料胀管螺钉或膨胀螺栓。对于重量轻的吊灯底座，可用塑料胀管螺钉固定。对于体积大的重型吊灯底座，需要用膨胀螺栓来固定。

（1）膨胀螺栓的安装

膨胀螺栓如图 9-25 所示，它分为普通膨胀螺栓、钩型膨胀螺栓和伞型膨胀螺栓。普通膨胀螺栓的结构如图 9-26 所示。

普通膨胀螺栓（或钩型膨胀螺栓）的安装如图 9-27 所示，首先用冲击电钻或电锤在墙壁上钻孔，孔径略小于螺栓直径，孔深度较螺栓要长一些，如图 9-27（a）所示，然后用工具将孔内的残留物清理干净，如图 9-27（b）所示，将需要固定在墙壁的带孔物 ［图 9-27（c）中为黑色部分］ 对好孔洞，再用锤子将膨胀螺栓往孔洞内敲击，如图 9-27（c）所示，待螺栓

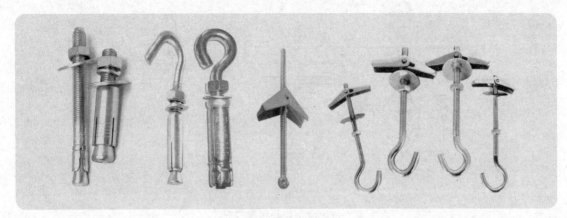

图 9-25　膨胀螺栓

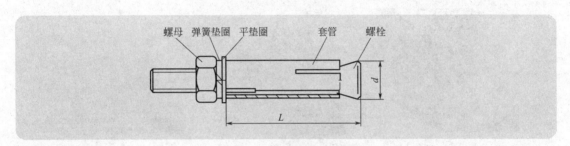

图 9-26　膨胀螺栓的结构

上的垫圈夹着带孔物体靠着墙壁后停止敲击，用扳手旋转螺栓上的螺母，螺栓被拉入套管内，套管胀起而紧紧卡住孔壁，如图 9-27(d) 所示，螺栓上的螺母垫圈也就将带孔物固定在墙壁上。

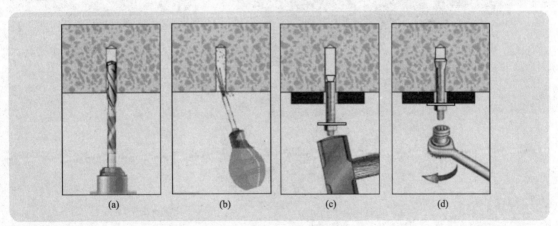

图 9-27　普通膨胀螺栓的安装

伞型膨胀螺栓的安装比较简单，具体如图 9-28 所示。

（2）吊灯底座的安装

吊灯可分主体和底座两部分。吊灯底座的安装如图 9-29 所示，具体过程如下。

① 从吊灯底座上取下挂板，如图 9-29(a) 所示。

② 将挂板贴近房顶，用记号笔做好钻孔标志，以便安装固定螺钉或螺栓，如图 9-29(b) 所示。

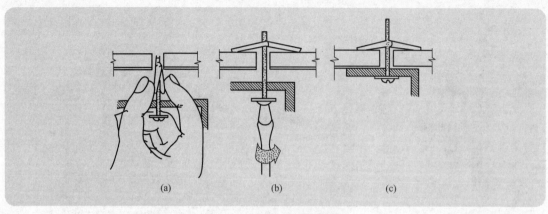

图 9-28　伞型膨胀螺栓的安装

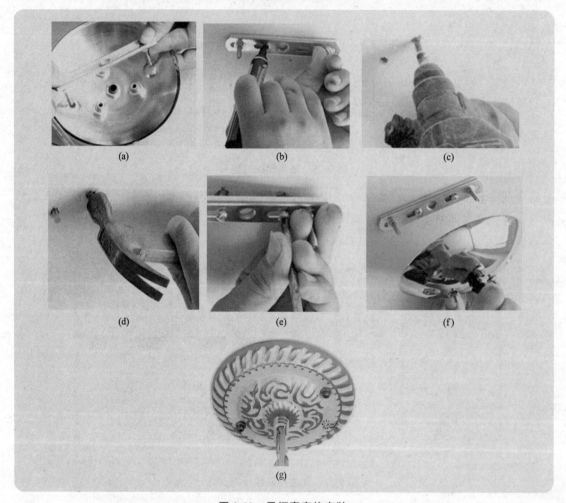

图 9-29　吊灯底座的安装

③ 用电钻在钻孔标志处钻孔，如图 9-29（c）所示。

④ 往钻好的孔内用锤子敲入塑料胀管，如图 9-29（d）所示。

⑤ 用螺钉穿过挂板旋入胀管，将挂板固定在房顶上，如图 9-29（e）所示。

⑥ 将底座上的孔对准挂板上的螺栓并插放在挂板上，如图 9-29（f）所示。

安装好的底座可参见图 9-29（g）所示。

吊灯主体部分通过吊杆或吊索吊在底座上，如果主体部分是散件，需要将它们组装起来（可凭经验或查看吊灯配套的说明书），再吊装在底座上。

9.4 筒灯与 LED 灯带的安装

9.4.1 筒灯的安装

（1）外形

筒灯通常是以嵌入式安装在天花板内。筒灯外形如图 9-30 所示，筒灯内可安装节能灯、白炽灯等光源。

图 9-30 筒灯

（2）安装

筒灯的安装如图 9-31 所示。在安装时，先按筒灯大小在天花板上开孔，如图 9-31（a）

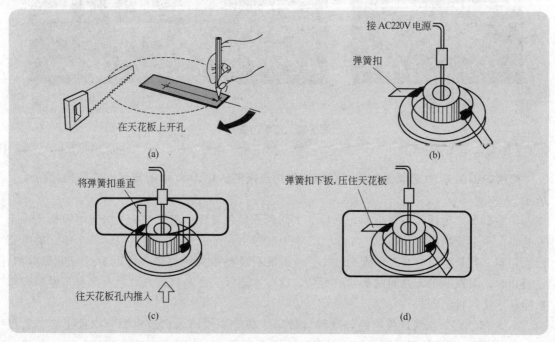

图 9-31 筒灯的安装

所示,然后从天花板内拉出电源线并接在筒灯上,如图 9-31(b) 所示,再将筒灯上的弹簧扣扳直,并将筒灯往天花板孔内推入,如图 9-31(c) 所示,当筒灯弹簧扣进入天花板后,将弹簧扣下扳,同时往天花板完全推入筒灯,依靠弹簧扣下压天花板的力量支撑住筒灯,如图 9-31(d) 所示。

9.4.2 LED 灯带的电路结构与安装

LED 灯带简称灯带,它是一种将 LED(发光二极管)组装在带状 FPC(柔性线路板)或 PCB 硬板上而构成的形似带子一样的光源。LED 灯带具有节能环保、使用寿命长(可达 8 万～10 万小时)等优点。

(1)外形与配件

LED 灯带外形如图 9-32(a) 所示,安装灯带需要用到电源转换器、插针、中接头、固定夹和尾塞,如图 9-32(b) 所示。**电源转换器的功能是将 220V 交流电转换成低压直流电(通常为＋12V),为灯带供电;插针用于连接电源转换器与灯带;中接头用于将两段灯带连接起来;尾塞用于封闭和保护灯带的尾端;固定夹配合钉子可用来固定灯带。**

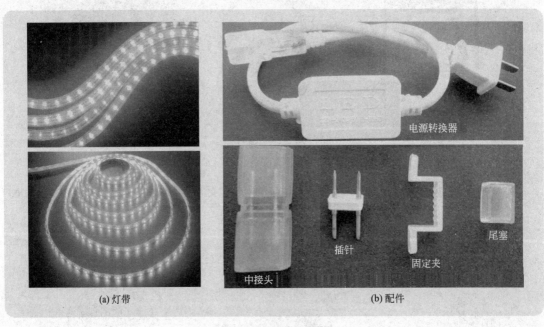

(a)灯带 　　　　　　　　　(b)配件

图 9-32　灯带与配件

(2)电路结构

灯带内部的 LED 通常是以串并联电路结构连接的。 LED 灯带的典型电路结构如图 9-33 所示。

图 9-33(a) 为两线灯带电路,它以 3 个同色或异色发光二极管和 1 个限流电阻构成一个发光组,多个发光组并联组成一个单元,一个灯带由一个或多个单元组成,每个单元的电路结构相同,其长度一般在 1m 或 1m 以下。如果不需要很长的灯带,可以对灯带进行剪切,在剪切时,需在两单元之间的剪切处剪切,这样才能保证剪断后两条灯带上都有与电源转换器插针连接的接触点。

图 9-33(b) 为三线灯带电路,这种灯带用 3 根电源线输入两组电源(单独正极、负极共用),两组电源提供到不同类型的发光组,如 A 组为红光 LED、B 组为绿光 LED,如果电

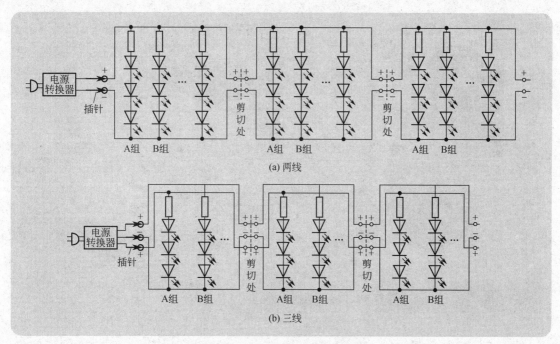

图 9-33　LED 灯带的典型电路结构

源转换器同时输出两组电源，则灯带的红光 LED 和绿光 LED 同时亮，如果电源转换器交替输出两组电源，则灯带的红光 LED 与绿光 LED 交替发光。此外，还有四线、五线灯带，线数越多的灯带，其光线色彩变化越多样，配套的电源转换器的电路越复杂。

在工作时，LED 灯带的每个 LED 都会消耗一定的功率（约 0.05W 左右），而电源转换器输出功率有限，故一个电源转换器只能接一定长度的灯带，如果连接的灯带过长，灯带亮度会明显下降，因此可剪断灯带，增配电源转换器。

（3）安装

灯带的安装如图 9-34 所示。

灯带安装的具体过程如下。

① 用剪刀从灯带的剪切处剪断灯带，如图 9-34（a）所示。

② 准备好插针。将插针对准灯带内的导线插入，让插针与灯带内的导线良好接触，如图 9-34（b）、（c）所示。

③ 将插针的另一端插入电源转换器的专用插头，如图 9-34（d）所示。

④ 给电源转换器接通 220V 交流电源，灯带变亮，如图 9-34（e）所示，如果灯带不亮，可能是提供给灯带的电源极性不对，可将插针与专用插头两极调换。

在安装灯带时，一般将灯带放在灯槽里摆直就可以了，也可以用细绳或细铁丝固定。如果外装或竖装，需要用固定夹固定，并在灯带尾端安装尾塞，若是安装在户外，最好在尾塞和插头处打上防水玻璃胶，以提高防水性能。

（4）常见问题及注意事项

灯带安装时的常见问题及注意事项如下。

① 在剪切灯带时，一定要在剪切处剪断灯带，否则灯带剪断后，在靠近剪口处会出现一段不亮，一般不好维修，剪错的一米报废。

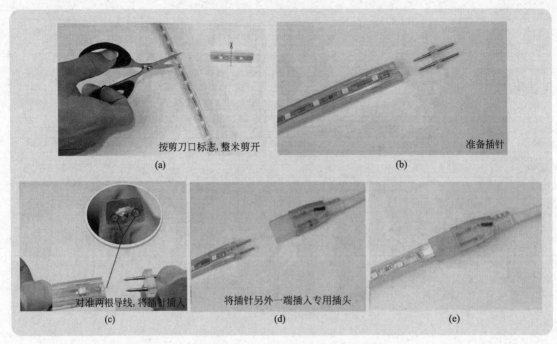

图 9-34　LED 灯带的安装

　　② 若灯带通电后，出现一排灯不亮，或每隔一米有一段不亮，原因是插头没有插好，可重新插好插头。

　　③ 对于两线和四线灯带，如果插头插反，灯带不会损坏也不会亮，调换插头极性即可，对于三线和五线灯带，插头不分正反。

　　④ 如果灯带通电时插接处冒烟，一定是插针插歪导致短路，每根针要正对相应的导线，切不可一根针穿过两根导线。

9.5　浴霸的安装

　　浴霸是一种在浴室使用的具有取暖、照明、换气和装饰等多种功能的浴用电器。

9.5.1　种类

　　根据发热体外形不同，浴霸可分为灯泡发热型和灯管发热型，两种类型的浴霸外形如图 9-35 所示。灯泡型浴霸发热快、不需要预热，有一定的照明功能；灯管型浴霸通常使用

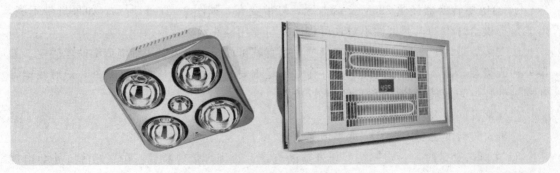

图 9-35　灯泡发热型和灯管发热型浴霸

PTC（陶瓷发热材料）或碳纤维发热材料等，其发热稍慢、需要短时预热，但热效率高、使用寿命较长。

根据安装方式不同，浴霸可分为吊顶式和壁挂式，如图 9-36 所示。

图 9-36 吊顶式和壁挂式浴霸

9.5.2 结构

下面从图 9-37 的拆卸过程来了解浴霸的结构，具体说明如下。

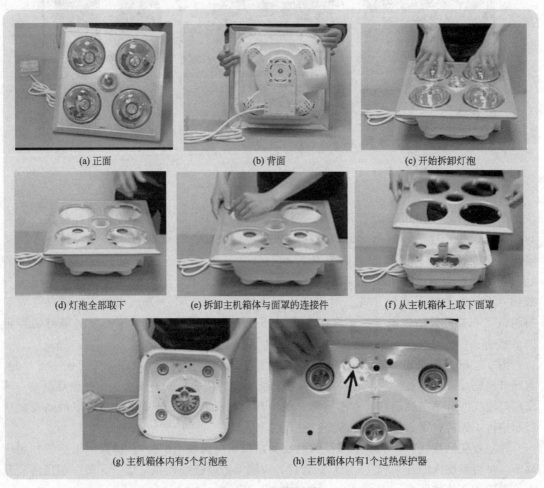

(a) 正面　　　　　　　　(b) 背面　　　　　　　　(c) 开始拆卸灯泡

(d) 灯泡全部取下　　　(e) 拆卸主机箱体与面罩的连接件　　　(f) 从主机箱体上取下面罩

(g) 主机箱体内有5个灯泡座　　　(h) 主机箱体内有1个过热保护器

图 9-37 浴霸的拆卸

① 浴霸的正面有 5 个灯泡，周围 4 个为加热取暖灯泡，中间为照明灯泡，如图 9-37（a）所示。

② 浴霸的背面有一个换气口，内部有换气风扇，浴霸的开关线和电源线也由背部接入内部，如图 9-37（b）所示。

③ 将浴霸正面朝上，旋下 5 个灯泡，如图 9-37（c）、（d）所示。

④ 拆下主机箱体与面罩的连接件（通常为连接弹簧），再从主机箱体上取下面罩，如图 9-37（e）、（f）所示。

⑤ 面罩取下后，可以从主机箱体内部看到 5 个灯泡座，如图 9-37（g）所示。

⑥ 在主机箱体内表面有一个过热保护器，如图 9-37（h）所示，当浴霸工作时温度过高，过热保护器会启动换气扇工作。

9.5.3 接线

普通的浴霸有 2 对（4 个）取暖灯泡、1 个照明灯泡和一个换气扇，其工作与否受浴霸开关控制。 浴霸的接线与采用的浴霸开关类型有关，图 9-38 是普通浴霸广泛使用的两种类型开关，它们与浴霸的接线如图 9-39 所示。

图 9-38　两种类型的浴霸开关

图 9-39（a）中采用的浴霸开关是一个四联单控开关，四个开关的一端都接在一起并与相线（火线）连接，四个开关的另一端分别接出线与 2 对取暖灯泡、照明灯泡和换气扇连接，即各个开关分别控制各自的控制对象，互不影响。在浴霸上有一个热保护器（温控开关），当取暖时出现浴霸过热，热保护器的开关闭合，为换气风扇接通电源进行散热，无需人为按下换气开关。对于新购买的浴霸，通常有一条试机插头，可以在安装前测试浴霸及开关的控制是否正常，它接如图 9-39（a）所示位置，在安装浴霸时需要拆掉试机插头。

图 9-39（b）中采用的浴霸开关的内部结构和接线稍为复杂，当取暖开关上拨（开）时，取暖灯泡亮，该灯泡在发热时有一定的照明功能，此时闭合照明开关无法为照明灯供电，即取暖灯泡亮时开不了照明灯，有的浴霸开关内部已将 H1、H2 开关中的中、下触点按虚线所示进行了连接，那么在取暖灯泡亮时可开启照明灯。

在浴霸实际接线时，从墙壁埋设的电线管内拉出电源线（3 根），接到浴霸接线柱相应端子，将浴霸配带的开关线（5 根）穿管后，一端接浴霸接线柱相应端子，另一端接浴霸开关，浴霸的布线如图 9-40 所示。

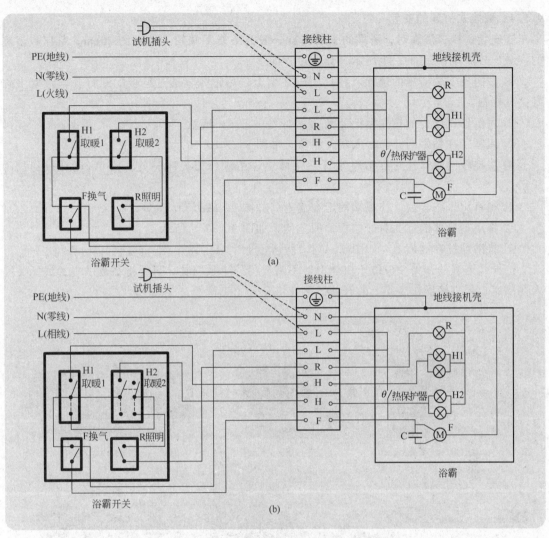

图 9-39 普通浴霸使用不同开关的接线图

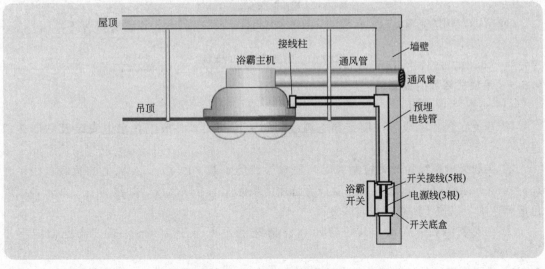

图 9-40 浴霸的布线示意图

9.5.4　壁挂式浴霸的安装

在安装壁挂式浴霸时，浴霸的安装高度一般为浴霸下端较人体高约 **20cm**。壁挂式浴霸的安装比较简单，如图 9-41 所示，具体过程如下。

① 在需要安装浴霸的位置，将挂板贴在墙上，用记号笔透过挂板的螺钉孔，在墙上作好钻孔标记。

② 用电钻在墙上的钻孔标记处钻孔，如图 9-41(a) 所示。

③ 用锤子往钻好的孔内敲入塑料胀管，如图 9-41(b) 所示。

④ 将挂板的螺丝孔对准塑料胀管贴在墙上，用螺丝刀往胀管旋入螺钉，如图 9-41(c) 所示。

⑤ 螺钉旋入胀管后，挂板被固定在墙上，如图 9-41(d) 所示。

⑥ 将浴霸后部的挂孔对好挂板上的挂钩，如图 9-41(e) 所示。

⑦ 将浴霸挂在挂板上，如图 9-41(f) 所示。

壁挂式浴霸的开关一般位于机体上，不需要另外单独安装，只要将浴霸的电源线插头插入在插座，再直接操作浴霸上的开关即可让浴霸开始工作。

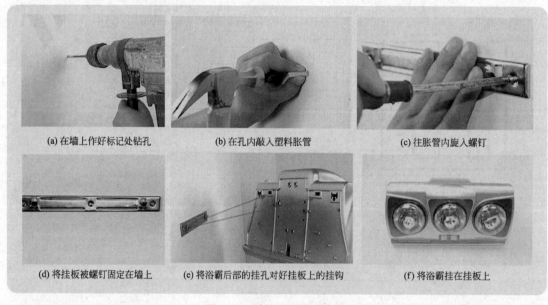

(a) 在墙上作好标记处钻孔　　　(b) 在孔内敲入塑料胀管　　　(c) 往胀管内旋入螺钉

(d) 将挂板被螺钉固定在墙上　　(e) 将浴霸后部的挂孔对好挂板上的挂钩　　(f) 将浴霸挂在挂板上

图 9-41　壁挂式浴霸的安装

9.5.5　吊顶式浴霸的安装

(1) 安装注意事项

① 开关底盒和电线管（用于穿电源线、开关控制线）一般应在水电安装及贴墙砖前进行。

② 在选择电源线和开关控制线时，要求导线能承载 10A 或 15A 以上的负载（线径在 $1.5\sim4\text{mm}^2$ 之间的铜线）。开关控制线可选用浴霸原配的互联软线，如果自行配线，各线颜色应有区别，以便于浴霸接线时区分。

③ 在安装浴霸开关时，其位置距离沐浴花洒不可小于 100cm，高度离地面应不小于 140cm。

④ 为了取得最佳的取暖效果，浴霸应安装在浴缸或沐浴房中央正上方的吊顶，浴霸安

装完毕后，灯泡离地面的高度应在 2.1～2.3m 之间，位置过高或过低都会影响使用效果。

（2）安装通风管和通风窗

在安装吊顶式浴霸时，先要在墙上开通风孔，以便浴霸换气时能通过通风管将室内空气由通风孔排到室外。通风管和通风窗外形如图 9-42 所示，通风管可以拉长或缩短，通风窗在换气是叶片打开，非换气时关闭。

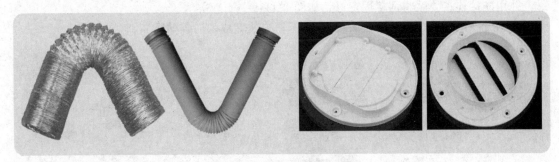

图 9-42　通风管和通风窗

如果在一楼安装浴霸，由于距离地面不高，可在墙上开一个与通风管直径相同的圆孔，将通风管穿孔而过，在室外给通风管装上通风窗，并用钉子将通风窗固定在墙上，如图 9-43（a）所示，通风窗和通管与外墙之间缝隙用水泥填封。

如果在二楼以上安装浴霸，由于距离地面高，不适合在室外安装通风窗，因此可在墙上开一个与通风窗直径相同的圆孔，在室内将通风窗与通风管连接后，再用钉子在室内将通风窗固定在墙上，如图 9-43（b）所示。

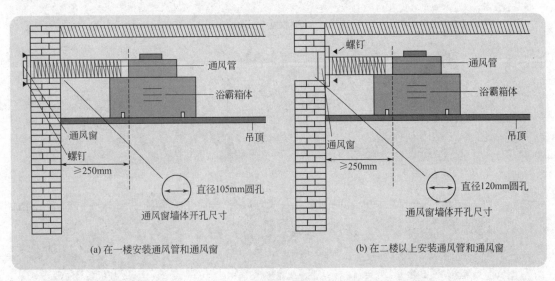

图 9-43　浴霸通风管和通风窗的安装

（3）安装浴霸

普通浴霸的安装如图 9-44 所示，具体说明如下。

① 在吊顶上确定好安装浴霸的位置，在该处用笔画一个 30cm×30cm 正方形（与浴霸有关，具体可查看说明书），用刀沿正方形边沿进行切割，切割出一个 30cm×30cm 方孔，如图 9-44（a）、（b）、（c）所示。

② 用木条制作一个内径为 30cm×30cm 木框，如图 9-44(d) 所示，再将木框放入吊顶并架在吊顶内部的龙骨上，如图 9-44(e)、(f) 所示。

③ 拆下浴霸的灯泡和面罩，给浴霸接好线后，将浴霸底部朝上放入吊顶方孔，如图 9-44(g) 所示，在放入前，从吊顶内拉出已安装的通风管，将通风管与浴霸通风口接好，把浴霸推入方孔后，用螺钉将浴霸固定在木框上，如图 9-44(h) 所示，然后给浴霸安装面罩，并用连接连接弹簧将面罩固定好，如图 9-44(i)、(j) 所示。

④ 给浴霸安装灯泡，如图 9-44(k) 所示，安装完成的浴霸如图 9-44(l) 所示。

(a) 在吊顶上画一个正方形　　(b) 用刀沿正方形切割　　(c) 在吊顶上开出一个正方形孔

(d) 用木条制作一个木框　　(e) 将木框放入吊顶内　　(f) 将木框对好方形孔放在吊顶龙骨上

(g) 将浴霸放入方形孔　　(h) 用螺钉将浴霸固定在木框上　　(i) 给浴霸安装面罩

(j) 用弹簧将面罩固定在浴霸上　　(k) 给浴霸安装灯泡　　(l) 浴霸安装完成

图 9-44　普通浴霸的嵌入式吊顶安装

第 **10** 章

弱电线路的接线与安装

10.1 弱电线路的三种接入方式

　　弱电线路一般是指电话线路、计算机网络线路、有线电视线路和防盗报警线路等，相对于强电线路传输的 220V 或 380V 强电而言，这些线路传送的电信号都比较微弱，故称为弱电线路。弱电线路的种类很多，家庭最常用的有电话线路、计算机网络线路和有线电视线

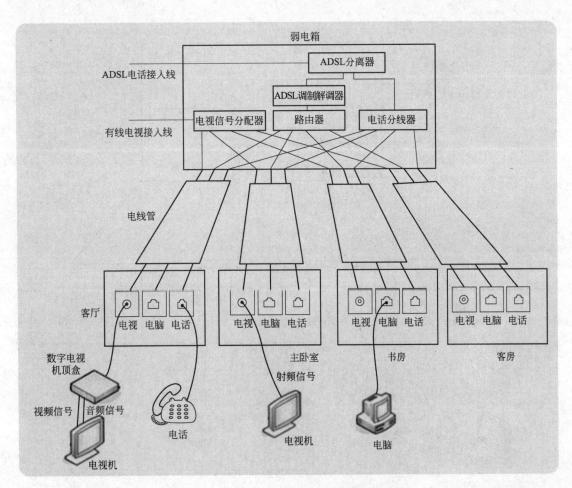

图 10-1　有线电视 + ADSL 接入方式的布线图

路，本章主要介绍这三种弱电线路的安装。

电话、有线电视和计算机网络线路是家庭用户最常用的弱电线路，它们与外部连接主要有三种方式：分别是有线电视＋ADSL 方式、有线电视＋电话＋FTTB ＿ LAN 方式和有线电视宽带＋电话方式。

10.1.1 有线电视＋ADSL 接入方式

ADSL（Asymmetric Digital Subscriber Line，非对称数字用户线路）是一种数据传输方式，它采用一条电话线路同时传输电话语音信号和网络数据，即能实现在打电话的时候可同时上网，在进行网络数据传送时，上行（本地→远端）和下行（远端→本地）速度是不同的，故称为非对称数字线路。在不影响正常语音通话的情况下，ADSL 线路最高上行速度可达 3.5Mbps，最高下行速度可达 24Mbps。

有线电视＋ADSL 接入方式的布线如图 10-1 所示。电视信号分配器的功能是将一路输入电视信号分成多路信号，分别去客厅、主卧室、书房和客房的电视插座。ADSL 分离器的功能是将 ADSL 电话信号中的高频信号与低频电话语音信号分离开来。电话分线器的功能是将一路电话语音信号分成多路信号，分别送到客厅、主卧室、书房和客房的电话插座。ADSL 调制解调器（Modem）有两个功能：一是从 ADSL 线路送来的高频模拟信号中解调出数字信号，送给路由器或电脑；二是将路由器或电脑送来的数字信号转换成高频模拟信

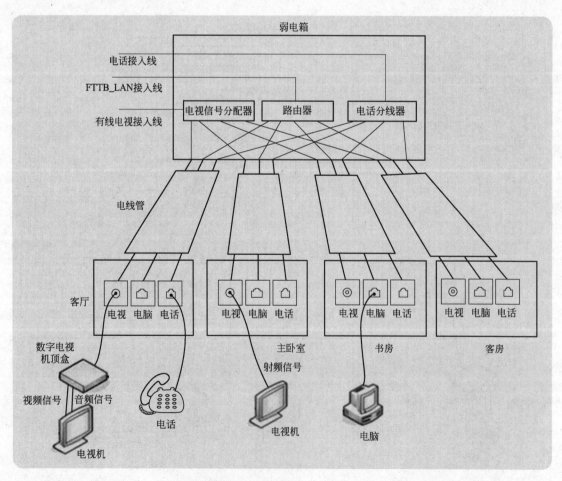

图 10-2 有线电视＋电话＋FTTB ＿ LAN 接入方式的布线图

号，送到 ADSL 线路。路由器的功能是利用转发方式进行一到多和多到一的连接，以实现多个计算机共享一条数据线路连接国际互联网。

如果有线电视开通了数字电视节目，那么有线电视接入线中除了含有模拟电视信号外，还含有数字电视信号，模拟电视信号只要送入电视机的天线插孔（拔下天线），电视机就可以收看，操作电视机遥控器即可选台，而数字电视信号需要先送到数字电视机顶盒进行解码，从中解调出音视频信号，再送到电视机观看，选台需要操作机顶盒的遥控器。

10.1.2 有线电视＋电话＋FTTB _ LAN 方式

FTTB _ LAN 方式是目前城市新建小区普通使用的一种宽带接入方式，FTTB 意为光纤到楼（Fiber to The Building），LAN 意为局域网（Local Area Network）。FTTB _ LAN 方式采用光纤高速网络实现千兆到社区，利用转换器将光纤信号转换成电信号，分路后使用双绞线以百兆带宽接到各幢楼宇，再分路后用双绞线以十兆带宽接到用户。

有线电视＋电话＋FTTB _ LAN 接入方式的布线如图 10-2 所示，FTTB _ LAN 线路仅传送网络数据，不传送电话信号，故电话线路需另外接入，在使用 FTTB _ LAN 接入方式时，接入用户的线路中已是数字信号，用户无需使用调制解调器（Modem）时行数/模和模/数转换，即 FTTB _ LAN 接入线可直接连接路由器。

10.1.3 有线电视宽带＋电话方式

有线电视宽带＋电话方式是利用有线电视线路同时传送电视信号和宽带信号，为了从有

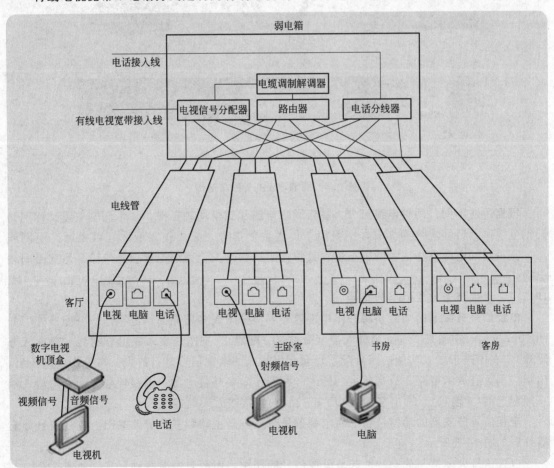

图 10-3　有线电视宽带＋电话接入方式的布线图

线电视线路中分离出宽带信号，需要使用电缆调制解调器（Cable Modem）。

有线电视宽带＋电话接入方式的布线如图 10-3 所示，电缆调制解调器的功能是从电视信号中分离出宽带信号（模拟），并转换成数字信号送给计算机或路由器，同时也能将计算机或路由器送来的数字信号转换成宽带模拟信号，送至有线电视线缆。

10.2 有线电视线路的安装

10.2.1 同轴电缆

有线电视采用同轴电缆作为信号传输线路，同轴电缆的外形与结构如图 10-4 所示，同轴电缆屏蔽层除了起屏蔽作用外，还相当于一个导线，以构成信号回路，一条正常的同轴电缆的屏蔽层应是连续的，若同轴电缆的屏蔽层断开，仅凭同轴电缆内部芯线是不能传送信号的。

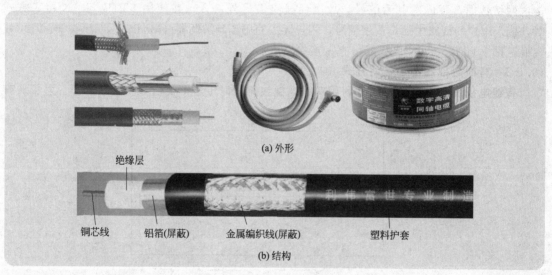

(a) 外形

绝缘层

铜芯线　　铝箔(屏蔽)　　金属编织线(屏蔽)　　塑料护套

(b) 结构

图 10-4　同轴电缆的外形与结构

根据用途不同，同轴电缆可分为基带同轴电缆和宽带同轴电缆，基带同轴电缆又称网络同轴电缆，其特性阻抗为 50Ω，主要用于传送数字信号，如用作局域网（以太网）组网线路，宽带同轴电缆也称视频同轴电缆，其特性阻抗为 75Ω，**有线电视信号传输采用宽带同轴电缆**。

10.2.2 电视信号分配器与分支器

电视信号分配器的功能是将一路电视信号平衡分配成多路输出。电视信号分配器外形如图 10-5 所示，左图是 1 入 2 出分配器（简称二分配器），中图是 1 入 8 出分配器（简称八分配器），右图是带放大功能的四分配器，它会将输入的电视信号进行放大，再分作四路输出，由于内部含有放大电路，故带放大功能的分配器还需要外接电源。电视信号分配器的输入端一般标有 IN（输入），输出端标有 OUT（输出），接线时不能接反。

电视信号分支器的功能是将一路电视信号分成一条主路和多条分路输出。电视信号分支器外形如图 10-6 所示。

电视信号分配器与分支器都起着分配信号的作用，但两者也有区别，具体如下。

① 分配器有一个输入口（IN）和多个输出口（OUT），而分支器有一个输入口（IN）、

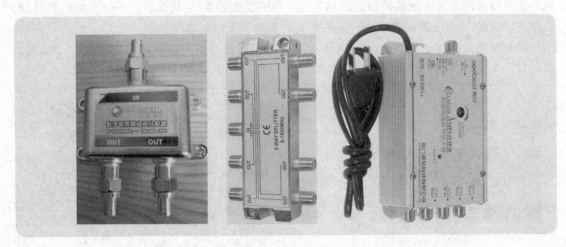

图 10-5 电视信号分配器

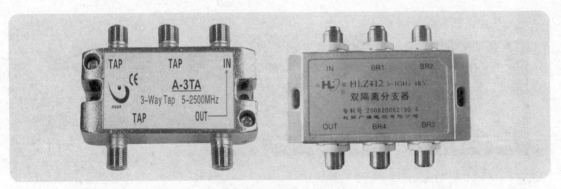

图 10-6 电视信号分支器

一个主输出口（OUT）和多个分支输出口（TAP 或 BR）。

② 分配器将输入信号平均分配成多路输出，各路输出信号大小基本相同；分支器将输入信号大部分分配给主输出口输出，另有少部分被平均分配给各支路输出口。

③ 分配器每增加一个输出口中，输出信号会衰减 2dB，如二分配器衰减值为 4dB、三分配器的衰减值为 6dB，对于三分配器，如果输入信号为 100dB，那么三个输出口输出信号都是 94dB；分支器对主输出口信号衰减很小，一般只衰减 1dB 左右，分支信号衰减较大，一般从 8～30dB，具体由分支器型号和分支数量决定，如某型号三分支器，如果输入信号为 100dB，主输出信号衰减 1dB 为 99dB，三个分支信号衰减 12dB 为 88dB。

④ 分配器用于需平均分配信号的场合，例如某个家庭用户有多台电视机时，需要用分配器为每个电视机平均分配信号；分支器常于电视干线接出分支，例如当电视干线接到某幢楼时，若该幢楼有 40 个用户，如果采用分配器分配信号，就需要用 40 分配器和 40 根独立电视线，如果采用分支器，可用一条主干线铺设经过各户住宅，每个住宅都使用一个分支器，分支器主输出口接干线到下一户，而分支输出口接到本户住宅。

10.2.3　同轴电缆与接头的连接

（1）同轴电缆的接头

在与电视信号分配器连接时，需要给同轴电缆安装专用接头，又称 F 头，这种接头直接利用电缆芯线插入分配器插口。同轴电缆常用F头如图10-7所示，F头分为英制和公制，英制F头又称-5头，其头部较小，公制F头的头部较大，也称-7头。

同轴电缆一些其他类型的接头如图10-8所示，同轴电缆与电视机连接常用竹节头或弯头，对接头用于将两根同轴电缆连接起来。

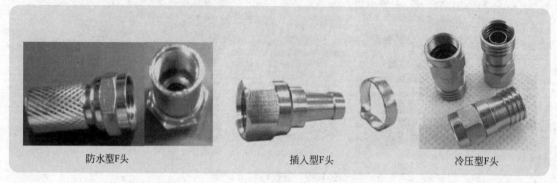

防水型F头　　　　　插入型F头　　　　　冷压型F头

图10-7　同轴电缆的F头

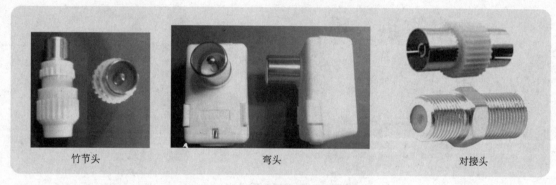

竹节头　　　　　弯头　　　　　对接头

图10-8　同轴电缆常用的其他接头

（2）同轴电缆与接头的连接

① 防水型F头与同轴电缆的连接　防水型F头与同轴电缆的连接如图10-9所示，具体过程如下。

a. 准备好同轴电缆与防水型F头，如图10-9（a）所示，再剥掉电缆一部分绝缘层，露出1cm的铜芯线，如图10-9（b）所示。

b. 将同轴电缆的屏蔽层往后折在护套表面，再将防水型F头套到电缆线上，按顺时针用力旋拧，如图10-9（c）所示。

c. 待F头露出铜芯2mm左右后停止旋拧，如图10-9（d）所示。

在F头与同轴电缆连接时，不要让电缆的屏蔽线及F头与铜芯线接触，以免将信号短路。

② 插入型F头与同轴电缆的连接　插入型F头与同轴电缆的连接方法如图10-10所示，具体过程如下。

a. 将同轴电缆一端的部分绝缘层剥掉，露出铜芯线，再将F头配带的金属环套在电缆上，如图10-10（a）所示。

b. 将插入型F头插入同轴电缆的护套内，让护套内的屏蔽层与F头保持接触，如图10-10（b）所示。

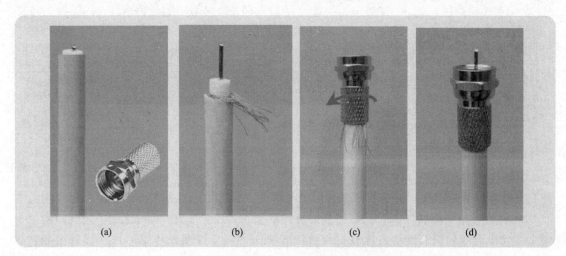

图 10-9　防水型 F 头与同轴电缆的连接

c. 将金属环推进 F 头，用金属环压紧电缆护套，如图 10-10（c）所示，这样既可以让护套内的屏蔽层与 F 头紧紧接触，又可以防止 F 头从护套内掉出。

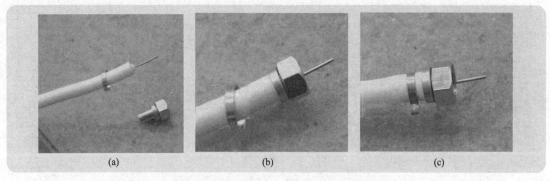

图 10-10　插入型 F 头与同轴电缆的连接

③ 冷压型 F 头与同轴电缆的连接　冷压型 F 头与同轴电缆的连接如图 10-11 所示，具体过程如下。

a. 将同轴电缆剥掉一部分绝缘层，露出 1cm 左右的铜芯线，并将屏蔽层往后反包在护套上，如图 10-11（a）所示。

b. 将冷压型 F 头套到电缆线上，有的冷压型 F 头有两层，需要将内层插入到护套内和屏蔽层接触，如图 10-11（b）所示。

c. 用冷压钳沿 F 头的压沟压紧，每沟都要压紧，如图 10-11（c）所示，如果没有冷压钳，可使用钢丝钳（老虎钳）压紧，但压制效果不如冷压钳。压制好的冷压型 F 头如图 10-11（d）所示。

在 F 头与同轴电缆连接时，不要让电缆的屏蔽线及 F 头与铜芯线接触，以免将信号短路。

④ 竹节头与同轴电缆的连接　竹节头与同轴电缆的连接如图 10-12 所示，具体过程如下。

a. 将同轴电缆剥掉一部分绝缘层，露出 1cm 左右的铜芯线，并将屏蔽层往后反包在护

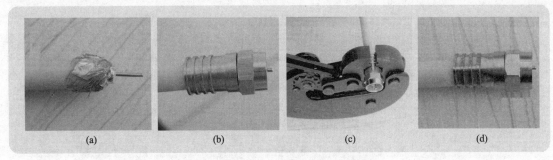

图 10-11　冷压型 F 头与同轴电缆的连接

套上，再将竹节头拆开，把后竹节套到同轴电缆上，如图 10-12(a) 所示。

b. 将竹节头的金属环卡套到电缆线的屏蔽层上，并压紧压环卡，如图 10-12(b) 所示。

c. 将电缆线的铜芯线插入竹节头的插针后孔内，再旋拧螺丝将铜芯线在插针内固定下来，如图 10-12(c) 所示。

d. 将竹节头的金属管套入顶针并插到金属环卡上，如图 10-12(d) 所示。

e. 将前竹节套在金属管上并旋入后竹节内，如图 10-12(e) 所示。

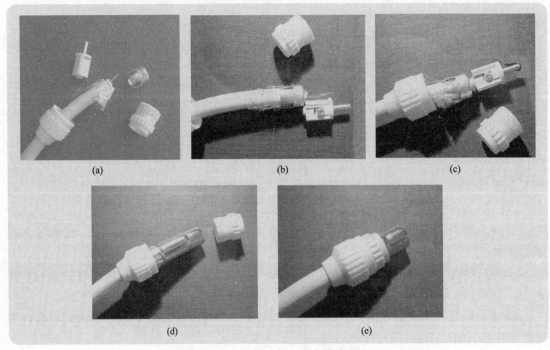

图 10-12　竹节头与同轴电缆的连接

10.2.4　电视插座的接线与安装

（1）电视插座的外形与结构

电视插座外形与内部结构如图 10-13 所示，图 10-13(a) 为暗装电视插座，图 10-13(b) 为明装电视插座。

（2）电视插座的接线与安装

电视插座的接线与安装如图 10-14 所示，具体过程如下。

① 从底盒中拉出先前埋设的同轴电缆，将同轴电缆剥掉一部分绝缘层和屏蔽层，露出

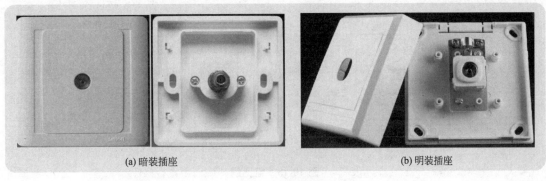

(a) 暗装插座 　　　　　　　　　　　　　(b) 明装插座

图 10-13　电视插座

1cm 左右的铜芯线，再剥掉一段护套层，该处的屏蔽层和发泡绝缘层保留，然后将铜芯和屏蔽层分别固定在插座的屏蔽极和信号极上，如图 10-14(a) 所示。

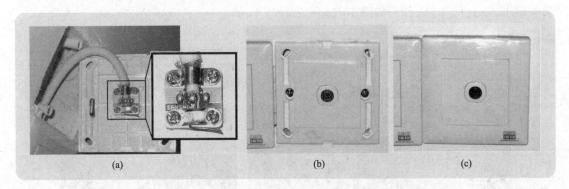

(a)　　　　　　　　　　(b)　　　　　　　　　　(c)

图 10-14　电视插座的接线与安装

② 用螺钉将电视插座固定在底盒上，如图 10-14(b) 所示。

③ 给电视插座盖上面板，如图 10-14(c) 所示。

电视插座接线端不同，其具体接线方法会不同，但不管何种电视插座，一定要将同轴电缆的铜芯线接插座的信号极，屏蔽层要与插座的屏蔽极连接，接线时不要让屏蔽极和信号极短路。

10.3　电话线路的安装

10.3.1　电话线与 RJ11 水晶头

（1）电话线

在弱电安装时，先将室外电话线接入用户弱电箱，在弱电箱中用分线器分成多条电话支路，用多条电话线分别连接到客厅和各个房间的电话插座。

室内布线一般采用软塑料导线作为电话线，如 RVB 或 RVS 型塑料软导线，电话线有 2 芯和 4 芯之分，单芯规格为 $0.2\sim0.5\text{mm}^2$，普通电话机使用 2 芯电话线，功能电话机（又称智能电话或数字电话）使用 4 芯电话线，此外 4 芯电话线也可以连接两个独立的普通电话机。电话线外形如图 10-15 所示。

（2）RJ11 水晶头

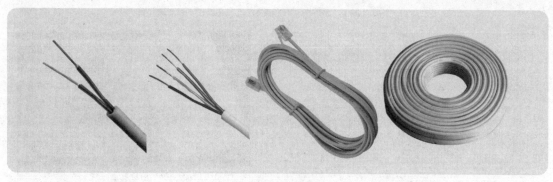

图 10-15　电话线

电话分线器和电话机对外连接都使用 **RJ11 插座，电话线要与它们连接必须安装 RJ11 水晶头**。电话线有 2 芯和 4 芯之分，RJ11 水晶头也分 2 芯和 4 芯，分别有 2 个和 4 个与电话线连接的金属触片。RJ11 水晶头与网络线使用的 RJ45 插头相似，但 RJ11 水晶头较 RJ45 插头短小。RJ11、RJ45 插头如图 10-16 所示。

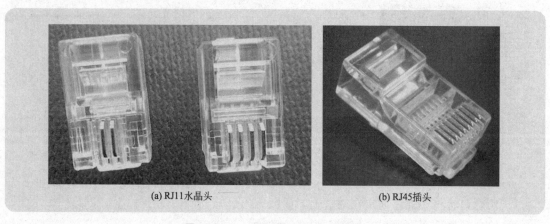

(a) RJ11水晶头　　　　　　　　(b) RJ45插头

图 10-16　RJ11 水晶头和 RJ45 插头

（3）电话线与 RJ11 水晶头的连接

电话线有 2 芯和 4 芯之分，大多数电话使用 2 芯电话线（芯线颜色一般为红、绿色），智能电话或两路电话采用 4 芯电话线（芯线颜色一般为黄、红、绿、黑色）。由于 2 芯和 4 芯电话线价格区别不大，为了便于以后的扩展，现在家装大部分使用 4 芯电话线布线，接普通电话时只使用其中 2 根芯线。

2 芯电话线可与 2P 或 4P 的 RJ11 水晶头连接，在与 2P 水晶头连接时，可采用如图 10-17(a)、(b) 所示的两种接法，即平行和交叉接线均可，在交叉连接时，电话机内部电路会自动换极。2 芯电话线在与 4P 水晶头连接时，2 芯线应与水晶头的中间 2P 连接，如图 10-17(c) 所示。

4 芯电话线 4P 的 RJ11 水晶头连接方式如图 10-18(a)、(b) 所示，如果该电话线用作连接智能电话，2、3 线作为一组传输普通电话信号，1、4 线作为一组用于传送数据信号，如果该电话线用作连接两台普通电话，2、3 线作为一组传输一路普通电话信号，1、4 线作为一组传送另一路电话信号，组内的两线平行或交叉接线均可，但不能将一组的芯线与水晶头另一组的触片连接，比如与 A 端水晶头 2 号触片连接的线不能接到 B 端水晶头的 1 号或 4 号位置。

电话线与 RJ11 水晶头的连接制作与网线相似，制作和测试方法可参见 10.4。

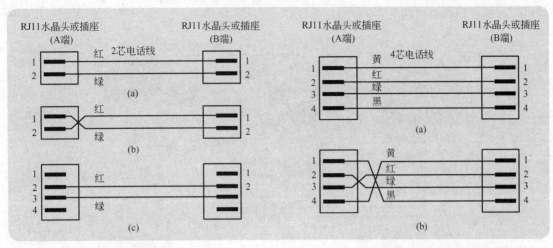

图 10-17 2 芯电话线与 RJ11 水晶头
或插座的三种连接方式

图 10-18 4 芯电话线与 RJ11 水晶头
或插座的两种连接方式

10.3.2 ADSL 语音分离器

如果用户使用 ADSL 电话宽带接入方式，电话线入户线首先要接到 ADSL 语音分离器，分离器将电话线送来的信号一分为二，一路直接去 ADSL 调制解调器，另一路经低通滤波器选出频率较低的语音信号，送到电话机或电话分线器，频率高的宽带信号无法通过低通滤波器去电话机，从而避免其对电话机产生干扰。

ADSL 语音分离器外形、结构和电路图如图 10-19 所示，**ADSL 语音分离器的"LINE"端接电话入户线，"PHONE"端接电话机，"MODEM"端接 ADSL 调制解调器。**

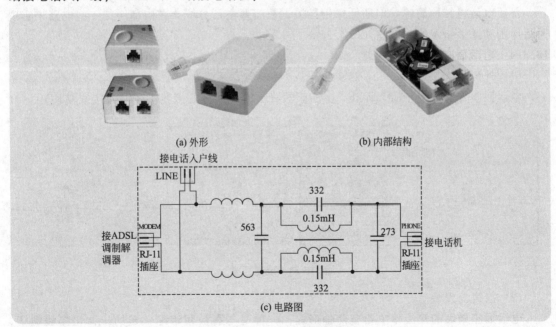

图 10-19 ADSL 语音分离器

10.3.3 电话分线器

电话分线器的功能是将一路电话信号分成多路电话信号输出。普通电话分线器外形与电路结构如图 10-20 所示，从电路结构可以看出，各个插座是并联关系，当某个插座接电话进线时，其他各路都可以接电话机。

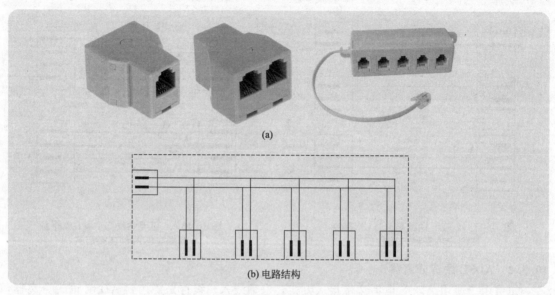

(a)

(b) 电路结构

图 10-20　电话分线器

普通电话分线器的主要特点有：①如果有电话呼入时，所有插座连接的电话机都会响铃；②任何一部电话都可以接听电话；③任何一部电话通话时，其它各部电话都能听见该通话；④任何一部电话都可以挂机来中断电话；⑤各电话之间可以互相通话（电话机通过分线器直接接通）。

普通电话机结构简单，但通话保密性差，故有些电话分线器在内部增加一些电路来实现通话保密和通话指示等功能。

10.3.4　电话插座的接线与安装

（1）外形

电话插座外形如图 10-21 所示，在插座的背面有电话线的接线端子（或接线模块）。

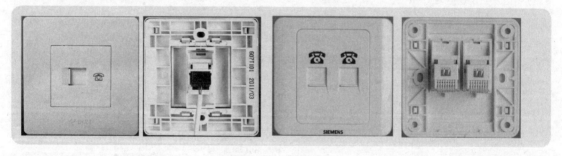

图 10-21　电话插座

（2）接线与安装

电话插座前面的接线端主要有两种形式，一种是与面板固定在一起的一体化接线端子，另一种是与面板安装在一起的接线模块，接线模块可以从插座拆下来，接好线后再安装上去。不管电话插座采用哪种接线端，接线时都要保证：对于 2 芯电话线，2 芯线一定要与 RJ11 插座中间两个触片接通；对于 4 芯线电话线，其与插座各触片的连接关系如图 10-18 所示。

① 一体化接线端子的电话插座接线 一体化接线端子的电话插座接线如图10-22所示，该插座有4个接线端，若2芯电话线与插座接线，电话线的两根芯线（通常为红、绿色）要接插座的中间两个接线端，若4芯电话线与插座接线，电话线的4根芯线颜色一般为黄、红、绿、黑，红、绿线为一组，接中间两个端子，黄、黑线为一组，接旁边两个端子，电话线的另一端不管是接RJ11水晶头或RJ11插座，也要保持红、绿线接中间两个端子，黄、黑线接旁边两个端子。

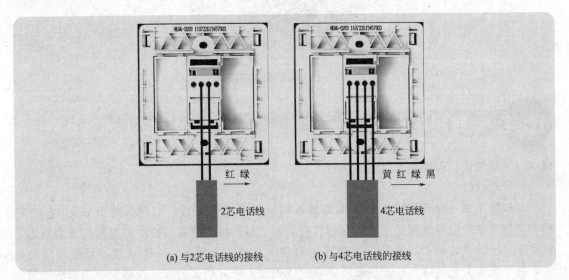

红绿

黄红绿黑

2芯电话线

4芯电话线

(a) 与2芯电话线的接线　　　　(b) 与4芯电话线的接线

图 10-22　一体化接线端子的电话插座接线

② 模块化接线端子的电话插座接线 模块化接线端子的电话插座如图10-23所示，它由插座面板和可拆卸的接线模块组成，该模块上有4个接线卡，**在2芯电话线与模块接线时，两根芯线要接模块的中间两个接线卡，若4芯电话线与该模块接线，普通电话信号线接中间两个端子，数据信号线或另一路电话信号线接边缘两个端子。**

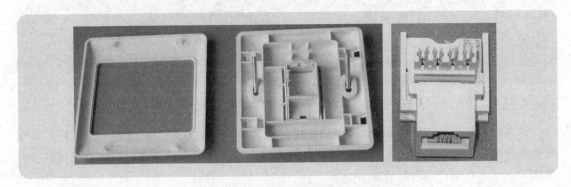

图 10-23　模块化接线端子的电话插座

电话模块的接线如图10-24所示，先从已埋设的底盒中拉出电话线，剥掉护套后将电话芯线压入模块的线卡内，在压线时线卡薄片会割破芯线的绝缘层面与芯线的内部金属芯接触，若担心线卡不能割破绝缘层而不能与金属芯接触，也可先去掉芯线上的绝缘层，然后将去掉绝缘层的芯线压入线卡，给模块接好线后，再将模块安装在电话插座上，最后将电话插座用螺钉固定在底盒上。

图 10-24 电话模块的接线

10.4 电脑网络线路的安装

10.4.1 双绞线、网线和 RJ45 水晶头

（1）双绞线

双绞线是由一对互相绝缘的金属导线互相绞合而成的导线。双绞线外形如图 10-25 所示，将相互绝缘的导线按一定密度互相绞在一起，每一根导线在传输中辐射的电波会被另一根线上发出的电波抵消，另外抵御外界电磁波干扰也有所增强。一般来说，双绞线绞合越密，抗干扰能力就越强，与无屏蔽层的双绞线相比，带屏蔽层的双绞线辐射小、抑制外界干扰更强，可防止信息被窃听，数据传输速率也更高。

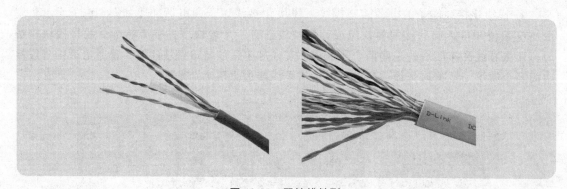

图 10-25 双绞线外形

计算机通信常用双绞线的分类如图 10-26 所示，类别高的双绞线的线径通常更粗，其传输数据速率更快。目前使用最广泛的计算机网线采用 5 类和超 5 类双绞线。双绞线可以单对使用，也可多对组合在一起使用。

（2）网线

网线的功能是传输数据，网线可以采用双绞线、同轴电缆或光缆，在家装弱电布线时一般采用双绞线结构的网线。

电脑网线由 4 对（8 根）双绞线组成，如图 10-27 所示，为了便于区分，这 4 对双绞线采用了不同的颜色，分别是橙-橙白、绿-绿白、蓝-蓝白、棕-棕白。

（3）RJ45 水晶头

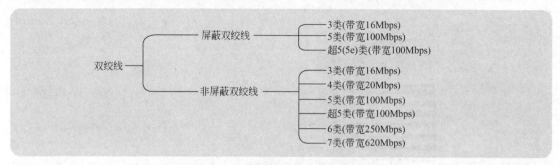

图 10-26 计算机通信常用双绞线的分类

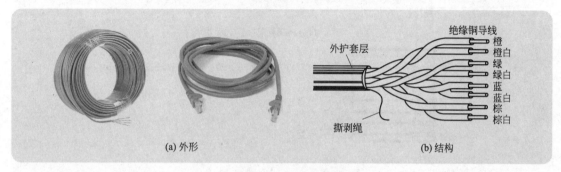

图 10-27 电脑网线

RJ45 水晶头又称网络水晶头，网线需要安装水晶头才能插入电脑或路由器等设备的 RJ45 插孔，从而实现网络线路连接。RJ45 水晶头的外形如图 10-28 所示，它内部有 8 个金属触片，分别与网络 8 根芯线连接，水晶头背面一个塑料弹簧片，插入 RJ45 插孔后，弹簧片可卡住插孔，防止水晶头从插孔内脱出。

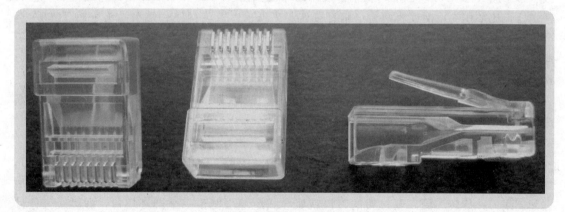

图 10-28 RJ45 水晶头

10.4.2 网线与 RJ45 水晶头的两种连接标准

网线含有 8 根不同颜色的芯线，RJ45 水晶头有 8 个金属极，两者连接要符合一定的标准。**网线与 RJ45 水晶头的连接有 EIA/TIA568A（简称 T568A）和 EIA/TIA568B（简称 T568B）两种国际标准，这两种标准规定了水晶头各极与网线各颜色芯线的对应连接关系。**

T568B、T568A 两种连接标准如图 10-29 所示，图中水晶头的各极排序是按塑料卡在另一面确定的，从图中可以看出，这两种标准的 4、5、7、8 极接线是相同的，6、3 极和 2、1 极位置互换。

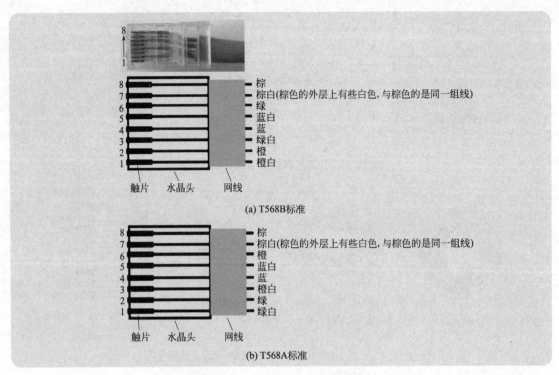

图 10-29　T568B、T568A 连接标准

在家装网络布线时，网线与 **RJ45 水晶头连接采用 T568A 或 T568B 标准均可，但在同一工程中只能采取其中一种标准接线**，即同一工程中所有网线要么都采用 T568A 标准接线，或者都采用 T568B 接线标准，**目前家装网络布线采用 T568B 标准接线更为常见**。在一些特殊场合，比如用一根网线将两台电脑直接连起来通信，若该网线一端水晶头采用 T568A 标准接线，那么另一端就要采用 T568B 标准接线。**网线两端采用相同标准接线称为直通网线或平行网线，网线两端采用不同标准接线称为交叉网线。**

10.4.3　网线与水晶头的连接制作

在网线与水晶头的连接制作时，需要用到专门的网线钳、剥线刀，为了检查网线与水晶头连接是否良好，还要用到网线测试仪。

（1）网线钳和剥线刀

① 剥线刀　剥线刀的功能是剥掉绝缘导线的绝缘层。图 10-30 是一种较常见的剥线刀，该剥线刀的使用如图 10-31 所示，在剥线时，将绝缘导线放入剥线刀合适的定位孔内，然后握紧剥线刀并旋转一周，剥线刀的刀口就将导线绝缘层割出一个圆环切口，握剥线刀往外推，即可剥离绝缘层，如图 10-31（a）所示，在将网线与电脑插座的模块接线时，还可利用剥线刀头部的 U 形金属片将网线压入模块的线卡内，如图 10-31（b）所示。

② 网线钳　**网线钳的功能是将水晶头的金属极与网线压制在一起，让网线与各金属极良好接触。**图 10-32 是一种较常见的多功能网线钳，它不但有压制水晶头功能，还有剪线和剥线功能。

（2）网线与水晶头的连接制作

网线与水晶头的连接制作如图 10-33 所示，具体过程如下。

① 用网线钳的剪线口将网线剪断，以得到需要长度的网线，如图 10-33（a）所示。

图 10-30　一种较为常见的剥线刀

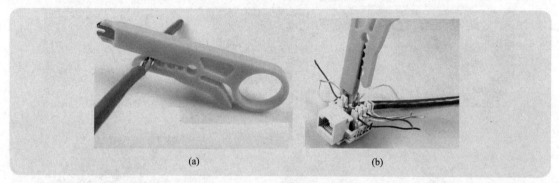

(a)　　　　　　　　　　　(b)

图 10-31　剥线刀的使用

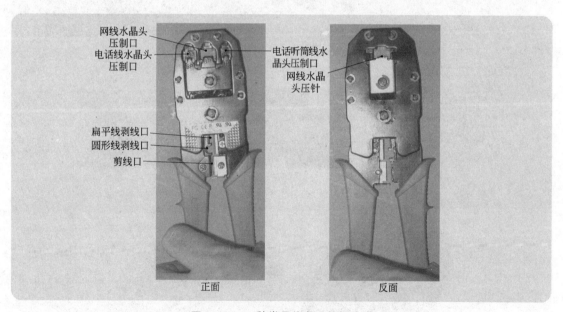

正面　　　　　　　　　　　反面

图 10-32　一种常见的多功能网线钳

② 将网线一端放入网线钳的圆形剥线口，握紧钳柄后旋转一周，切割出约 2cm 长的护套层，如图 10-33（b）所示，将割断的护套层从网线上去掉，露出网线的 4 对共 8 根芯线，如图 10-33（c）、（d）所示。

③ 将 4 对 8 根芯线逐一解开、理顺、扯直，然后按接线规定将各颜色芯线按顺序排列整齐，并尽量让 8 根芯线处于一个平面内，如图 10-33（e）所示。

④ 各芯线排列好并理顺扯压直后，应再仔细检查各颜色芯线排列顺序是否正确，然后

用网线钳的剪线口将各芯线头部裁剪整齐，如图 10-33(f)、(g) 所示。如果此前护套层剥下过多，现在可将芯线剪短一些，芯线长度约保留 15mm 左右。

⑤ 将理顺的 8 根芯线插入到水晶头内部的 8 个线槽中，如图 10-33(h) 所示，各芯线一定要插到线槽底部，护套层也应进入水晶头内部，如图 10-33(i) 所示。

⑥ 将插入芯线的水晶头放入网线钳的 8P 压线口，如图 10-33(j) 所示。然后用力握紧网线钳的手柄，8P 压线口的 8 个压针（网线钳背面）上移，将水晶头的 8 个线槽与网线的 8 根芯线紧紧压在一起，线槽中锋利的触片会割破芯线的绝缘层而与内部铜芯接触。

安装好水晶头的网线如图 10-33(k) 所示。

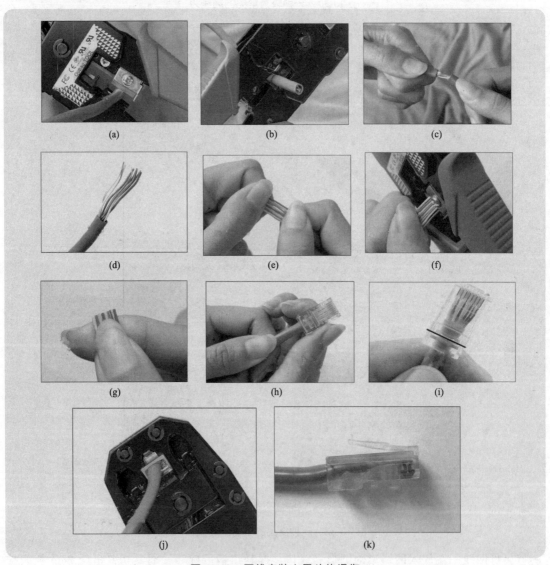

图 10-33 网线安装水晶头的操作

10.4.4 网线与水晶头连接的通断测试

（1）网线测试仪

网线与水晶头有 8 个连接点，两者连接时容易出现接触不良，利用网线测试仪可以检测网线与水晶头是否接触良好，并能判别出接触不良的芯线。图 10-34 是一种常见的网线测试仪，它不但可以测试网线与水晶头通断，还可以测试电话线与水晶头的通断。

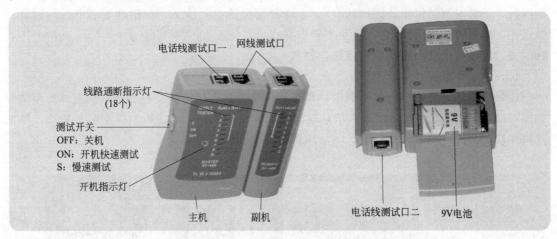

图 10-34 一种常见的网线测试仪

（2）网线和电话线的检测

用网线测试仪检测网线如图 10-35 所示，先将网线的两个水晶头分别插入网线测试仪主机和副机的 RJ45 插口，再将测试开关拨至"ON"处，会有以下情况。

① 如果网线与水晶头连接良好，并且芯线在两水晶头排序相同，那么测试仪主机和副机的 1～8 号指示灯会依次逐个同步亮。

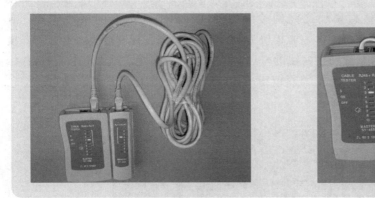

图 10-35 用测试仪检测网线

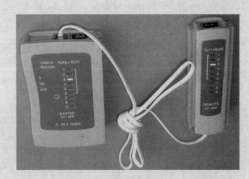

图 10-36 用测试仪检测电话线

② 如果某根芯线开路或该芯线与水晶头触片接触不良，则测试仪主机和副机的该芯线对应的指示灯都不会亮。

③ 如果网线的芯线在两个水晶头的排序不相同，测试仪主机和副机的 1～8 号指示灯会错乱显示，比如测试仪主机的 1 号灯与副机的 3 号灯同时亮，说明主机端水晶头 1 号触片所接芯线接到副机端水晶头的 3 号触片。

④ 如果测试仪主机和副机的 1～8 号指示灯都不亮，说明网线有一半以上的芯线不通或有其他问题。

如果网线两个水晶头距离较远，可以将测试仪的主机和副机可以分开使用。

用网线测试仪检测电话线如图 10-36 所示，将电话线的两个水晶头分别插入测试仪主机和副机的 RJ11 插口，再将测试开关拨至"ON"处，即开始测试，测试表现及原因与网线测试相同。测试仪的 RJ11 插口为 6P，分别对应主、副机的 1～6 号指示灯，在测试 4 芯电话线时，正常时测试仪主、副机的 2～5 号灯会依次逐个同步亮，在测试 2 芯电话线时，测试仪主、副机的 3、4 号灯会依次逐个同步亮。

10.4.5 网线与电脑网络插座的接线与测试

（1）电脑网络插座

电脑网络插座又称电脑信息插座，用于插入网线来连接电脑。电脑网络插座外形与结构如图 10-37 所示，它由插座面板和信息模块组成，在接线时，从面板上拆下信息模块，给信息模块接好网线后再卡在插座上，然后用螺钉将插座固定在墙壁底盒上。

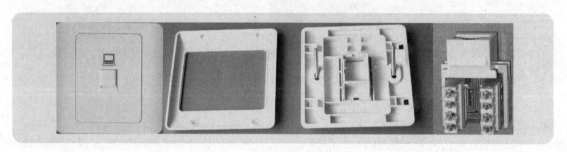

图 10-37　电脑网络插座

（2）信息模块的接线

① 信息模块的两种接线标准

在电脑网络插座中有用于接线的信息模块，该模块有 8 个接线卡，网线的 8 根芯线要接在这 8 个接线卡内。网线、信息模块之间的接线与网线、水晶头之间的接线一样，有 T568A 和 T568B 两种标准，以图 10-38 左方模块为例，若按 T568A 标准接线，上方 4 个接线卡应按照 A 组接线颜色指示，分别接网线的橙白、橙、棕白、棕色芯线；若按 T568B 标准接线，上方 4 个接线卡应按照 B 组接线颜色指示，分别接网线的绿白、绿、棕白、棕色芯线。

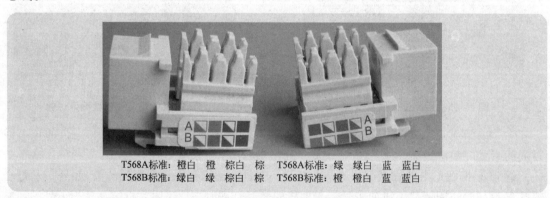

T568A标准：橙白　橙　棕白　棕　　T568A标准：绿　绿白　蓝　蓝白
T568B标准：绿白　绿　棕白　棕　　T568B标准：橙　橙白　蓝　蓝白

图 10-38　信息模块的两种接线标准

② 信息模块的接线　信息模块的接线如图 10-39 所示，具体过程如下。

a. 用网线钳将网线剥去约 3cm 的护套层。

b. 将网线各双绞芯线解开、理顺，然后按信息模块上某一接线标准标示的颜色，将各颜色芯线插入相应的线卡，再用压线工具（前面介绍的剥线刀有压线功能）将芯线压入线卡，线卡内的锋利触片会将芯线绝缘层割破而与芯线的铜芯接触。

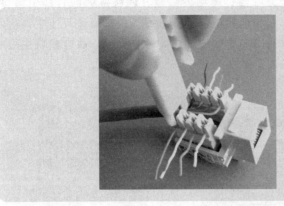

图 10-39　信息模块的接线

c. 用网线钳的剪线口或剪刀将模块各线卡过长的芯线剪掉。

③ 信息模块与网线的接线测试　在信息模块接线时，网线的各芯线是带绝缘层被压入接线卡的，线卡是否割破芯线绝缘层与铜芯接触，很难用眼睛观察出来，使用网线测试仪可以检测信息模块与网线是否连接良好。

用网线测试仪检测信息模块与网线的连接如图 10-40 所示。将信息模块的网线另一端水晶头插入网络测试仪主机的 RJ45 插口，再找一根两端带水晶头的经测试无故障的网线，该网线一端插入网线测试仪的副机 RJ45 插口，另一端插入信息模块的 RJ45 插口，然后将测试仪的测试开关拨至 "ON" 位置开始测试，如果信息模块与网线的连接正常，主、副机的 1～8 号指示灯应依次逐个同步亮，否则两者有连接问题。

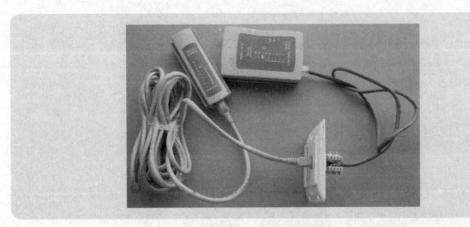

图 10-40　用网线测试仪检测信息模块与网线的连接

10.5　弱电模块与弱电箱的安装

弱电箱又称智能家居布线箱、综合布线箱、多媒体信息箱、家庭信息接入箱、住宅信息配线箱和智能布线箱等。弱电箱是弱电线路的集中箱，它利用内部安装的各种类型的分配设备，将室外接入或室内接入的弱电线路分配成多条线路，再送到室内各处的弱电插座或开关。

弱电箱内部的分配设备主要有电视信号分配器、电话分线器、调制解调器和路由器等，这些设备可以自行自由选配，接好线路后放在弱电箱内，但美观性较差，有些厂家生产出与所售弱电箱配套的各种信号分配模块。弱电箱及弱电模块如图 10-41 所示，弱电模块主要有电话模块，电视模块、网络模块和电源模块等。

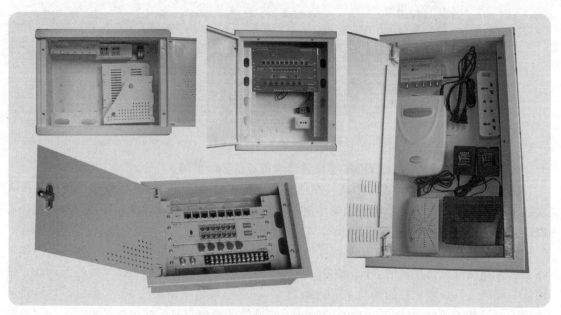

图 10-41　弱电箱及弱电模块

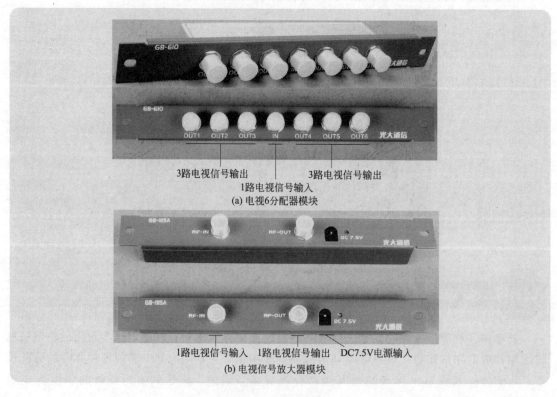

图 10-42　电视模块

10.5.1　电视模块

电视模块的功能是将输入的电视信号分配成多路输出，有的电视模块还具有放大电视信号的功能。电视模块如图 10-42 所示。

图 10-42(a) 是一个电视 6 分配器模块，可将 IN 端输入的电视信号均分成 6 路电视信号，分别出 OUT1～OUT6 端输出。图 10-42(b) 是一个电视信号放大器模块，可将 RF-IN 端输入的电视信号进行放大，然后从 RF-OUT 端输出，由于这种模块内部有放大电路，故需要外接电源（由其他的电源模块提供）。

10.5.2　电话模块

电话模块的功能是将接入的电话外线分成多条电话线路。电话模块如图 10-43 所示。

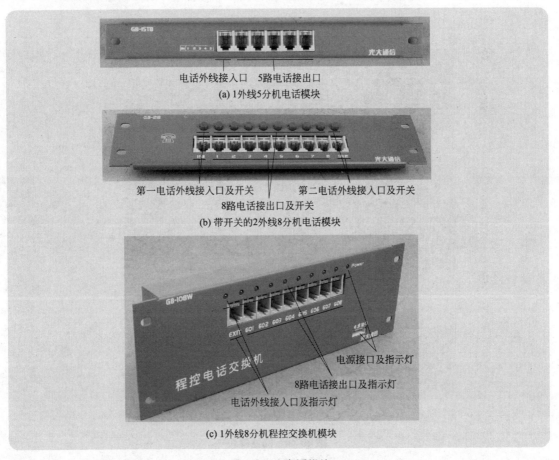

(a) 1外线5分机电话模块

(b) 带开关的2外线8分机电话模块

(c) 1外线8分机程控交换机模块

图 10-43　电话模块

图 10-43(a) 为 1 外线 5 分机电话模块，可以将一路电话外线分成五路，能接 5 个分机。

图 10-43(b) 为带开关的 2 外线 8 分机电话模块，可以将两路电话外线分成八路，能接 8 个分机，8 个开关可分别控制各自接口的通断，当一路电话外线呼入时，八个分机都可以接听，在分机接听时，另一路电话外线无法呼入。

图 10-43(c) 为 1 外线 8 分机程控交换机模块，可以将一路电话外线分成八路，能接 8 个分机，分机除了能呼叫外线，各分机间还可以互相呼叫，比如某分机需要呼叫 2 号分机时，只需先按 ＊ 键，再按 602 即可使 2 号分机响铃，本呼叫不经过外线，故不产生通信费，这种模块工作需要电源，由专门的电源模块提供。

10.5.3　网络模块

网络模块的功能是将调制解调器送来的一路宽带信号分成多路，网络模块主要有路由器模块和交换机模块。网络模块如图 10-44 所示。

图 10-44(a) 为 5 口（1 进 4 出）有线路由器，WAN 口接调制解调器，LAN 口通过有线方式接计算机或交换机；图 10-44(b) 为 5 口（1 进 4 出）无线路由器，WAN 口接调制解调器，该路由器除了 LAN 口能以有线方式接计算机或交换机外，还能以无线方式连接带无线网卡的计算机；图 10-44(c) 为 5 口（1 进 4 出）网络交换机，IN（或 Uplink）口接路由器，OUT 口接计算机，交换机与路由器一样可以实现一分多功能，但交换机不用设置，硬件连接好后就能使用。交换机无路由器一样的自动拨号功能，常接在路由器之后来扩展接口数量。

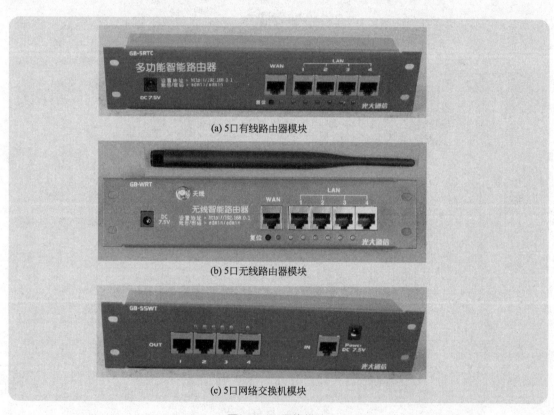

(a) 5口有线路由器模块

(b) 5口无线路由器模块

(c) 5口网络交换机模块

图 10-44　网络模块

10.5.4　电源模块

电源模块的功能是为有关模块提供电源。需要电源的弱电模块主要带放大功能的电视模块、带程控交换功能的电话模块、路由器模块和交换机模块等。电源模块如图 10-45 所示。

图 10-45(a) 为单组输出电源模块，可以提供一组直流电源；图 10-45(b) 为 4 组输出电源模块，可以提供三组直流电源和一组交流电源，三组直流电源可以分别供给电视信号放大器模块、路由器模块和交换机模块，交流电源提供给电话程控交换机模块；图 10-45(c) 为电源插座模块，可以为调制解调器或一些不配套的弱电设备的电源适配器提供 220V 电压。

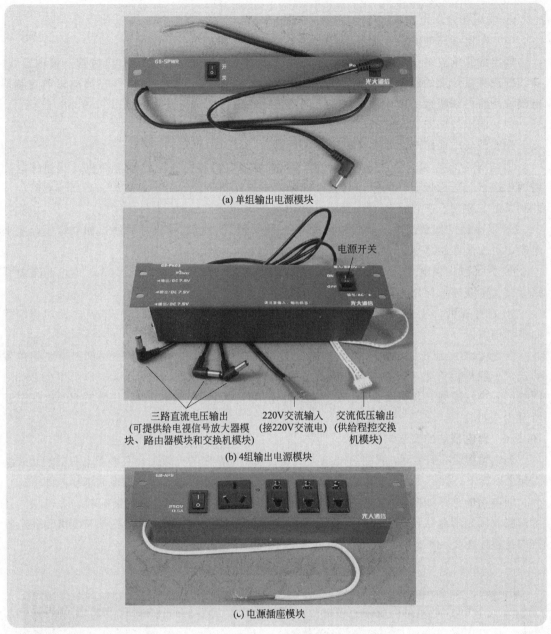

(a) 单组输出电源模块

电源开关

三路直流电压输出
(可提供给电视信号放大器模
块、路由器模块和交换机模块)

220V交流输入
(接220V交流电)

交流低压输出
(供给程控交换
机模块)

(b) 4组输出电源模块

(c) 电源插座模块

图10-45 电源模块

10.5.5 弱电线路的安装要点

（1）弱电线路安装前的准备工作

在安装弱电线路前，先要了解小区有关电话、宽带、有线电视等相关智能服务种类，明确各弱电线路的入户线位置，以便确定弱电箱的安装位置。

在室内安装弱电线路需要准备以下材料。

① 8芯网线（超五类非屏蔽双绞线）、RJ45水晶头和电脑网络插座。

② 4芯电话线、4芯RJ11水晶头和电话插座。

③ 电视线（75同轴电缆）、同轴电缆接头及电视插座。

④ PVC 电线管。

⑤ 弱电箱及弱电模块。

（2）弱电线路的安装步骤

弱电线路的安装一般步骤：确定弱电箱位置→预埋箱体→铺设 PVC 电线管→管内穿线，穿线前应测试线缆的通断→给线缆安上接头（RJ45、RJ11、电视 F 头）→在弱电箱内安装弱电模块→将各线缆接头插入相应模块→对每条线路进行测试→安装完成。

（3）弱电线路安装注意事项

在安装弱电线路时，要注意以下事项。

① 在确定弱电箱安装位置后，在箱体埋入墙体时，若弱电箱是钢板面板，其箱体露出墙面 1 厘米，若面板塑料面板，其箱体和墙面平齐，箱体出线孔不要填埋，当所有布线完成并测试后，才用石灰封平。

② 弱电箱的安装高度一般为距离地面 1.6m，这个高度操作管理方便，如果希望隐藏弱电箱，可安装在距离地面 0.3m 较隐蔽的位置。

③ 为了减少强电对弱电的干扰，弱电线路距离强电线路应不小于 0.5m，弱电与强电线路有交叉走线时，应用铝箔包住交叉部分的弱电线路。

④ 在穿线前，应对所有线缆的每根芯线进行通断测试，以免布线完毕后才发现有断线而重新铺设。

⑤ 穿线时，应在弱电箱内预留一定长度的线缆，具体长度可根据进线孔到模块的位置确定，一般最短长度（从进线孔起计算）要求为：电视线（75 同轴电缆）预留至少 25cm，网线（五类双绞线）预留至少 35cm，接入的电话外线预留至少 30cm，其他类型弱电线缆预留至少 30cm。

10.5.6 弱电模块的安装与连接

弱电箱埋设在墙体后，再将各弱电模块安装在弱电箱内的支架上，有些弱电箱的模块安装支架可以拆下，拆下后在该支架上安装好各弱电模块，然后将该支架固定在弱电箱内即可。

弱电箱的外形如图 10-46 所示，该弱电箱体积较大，不但可以安装常用的弱电模块，还可以安放调制解调器和无线路由器等设备，如图 10-47 所示。弱电箱内各弱电模块和弱电设备的连接如图 10-48 所示。

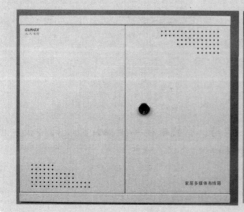
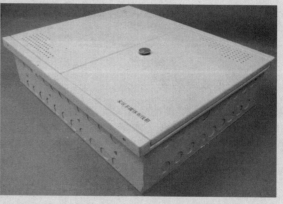

图 10-46 弱电箱的外形

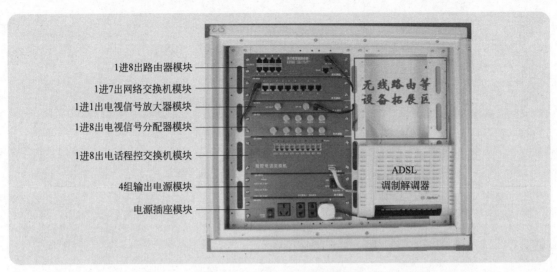

图 10-47　弱电箱中安装了各种弱电模块和弱电设备

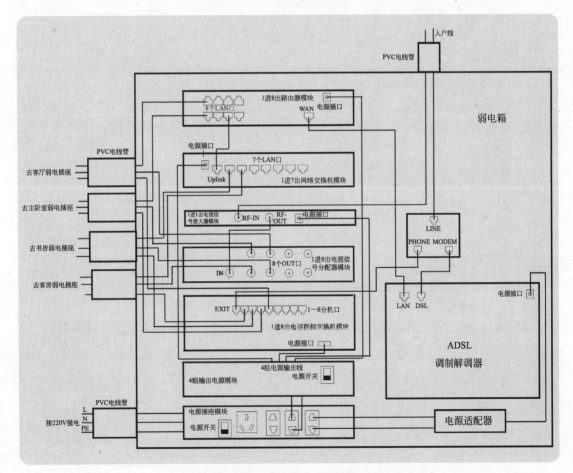

图 10-48　弱电箱内各弱电模块和弱电设备的连接